隨園食單

袁枚的私家美食指南

袁枚　原著

潘玲英　评注

南京师范大学出版社
NANJING NORMAL UNIVERSITY PRESS

U0273063

图书在版编目（CIP）数据

随园食单：袁枚的私家美食指南 /（清）袁枚原著；
潘玲英评注. 一南京：南京师范大学出版社，2018.11
　（爱随园）
　ISBN 978 - 7 - 5651 - 3781 - 5

Ⅰ. ①随… Ⅱ. ①袁… ②潘… Ⅲ. ①烹饪－中国－
清前期 ②食谱－中国－清前期 ③中式菜肴－菜谱－清前期
Ⅳ. ①TS972.117

中国版本图书馆 CIP 数据核字（2018）第 138893 号

书　　名	随园食单:袁枚的私家美食指南	
丛 书 名	爱随园	
原　　著	袁　枚	
评　　注	潘玲英	
责任编辑	张元卿	
出版发行	南京师范大学出版社	
地　　址	江苏省南京市玄武区后宰门西村 9 号(邮编:210016)	
电　　话	(025)83598919(总编办)　83598412(营销部)	
	83598297(邮购部)	
网　　址	http://www.njnup.com	
电子信箱	nspzbb@163.com	
照　　排	南京理工大学资产经营有限公司	
印　　刷	扬州市文丰印刷制品有限公司	
开　　本	787 毫米×1092 毫米　1/32	
印　　张	8	
字　　数	125 千	
版　　次	2018 年 11 月第 1 版　2018 年 11 月第 1 次印刷	
书　　号	ISBN 978 - 7 - 5651 - 3781 - 5	
定　　价	36.00 元	

出 版 人　彭志斌

前言

　　中华饮食文化源远流长,明清的饮食文化是继唐宋以后的又一高峰。袁枚(1716—1797),字子才,号简斋,晚号随园老人。钱塘(今浙江杭州)人。乾隆四年(1739)中进士,选庶吉士。乾隆七年(1742)外放江南,先后任溧水、江浦、沭阳、江宁等地县令。不到四十岁就隐居金陵(今南京)随园。他生活的清康熙至嘉庆年间,江南富庶,饮馔精美,这份《随园食单》(或简称《食单》)首先是清代江南的"饮食志",体现着精致讲究且"不时不食",遵循天地自然的饮食规律。其次,袁枚作为性灵派盟主,与蒋士铨、赵翼并称"乾隆三大家",一生游历四方,吃遍东西南北,这份

《食单》亦可管窥清代不同地区的饮食风貌，是康乾盛世的"饮食史"。再次，难能可贵的是，身为"山中宰相"，袁枚不好奢靡，对家常菜"情有独钟"，食单中的大部分菜肴都可在今天的厨房中复现。本书在编选和点评中，亦着重从这些方面来加以阐发，让我们更贴近古人的生活方式，从古人生活中汲取智慧和能量。

本书体例上，着力发掘原汁原味的金陵本帮名菜，做首推，余则按照《随园食单》原有体例做推荐。一些食材涉及已列入国家保护动物的条目，则作批判性学习，单列。本书以王英志教授主编《袁枚全集》（江苏古籍出版社1993年版）为底本，以嘉庆元年《随园食单》（小仓山房藏版）、《南京稀见文献丛刊·随园食单》（南京出版社2009年版）、《随园食单》（中华书局2010年版）、清人夏曾佑撰《随园食单补证》（中国商业出版社1999年版）等做校勘。

袁枚自称平生九大爱好，第一"好味"。他爱吃，也会吃，且看他如何将一本"菜谱"吃出自然，吃出文人雅致。闲暇时，不妨翻翻大名鼎鼎的袁枚这本私家美食指南。

序

袁 枚

　　诗人美周公而曰"笾豆有践"①,恶凡伯而曰"彼疏斯稗"②。古之于饮食也若是重乎？他若《易》称"鼎烹"③,《书》称"盐梅"④,《乡党》⑤、《内则》⑥琐琐言之。孟子虽贱

---

　　① 《诗经·豳风·伐柯》。笾,音 biān。笾和豆,都是古代食器。践,陈列整齐的样子。

　　② 《诗经·大雅·召旻》。别人吃粗粮他吃精米。

　　③ 《易经·鼎卦第五十》。庄重的场合,炊煮用鼎。

　　④ 《尚书·说命》:"若作和羹,尔惟盐梅。"盐梅,调羹所需,又喻指宰相。

　　⑤ 《论语·乡党》提出了一系列斋戒的饮食要求,都是孔子循"礼"的体现。

　　⑥ 《礼记·内则》有关于儒家传统饮食礼仪的规范。

"饮食之人",而又言饥渴未能得饮食之正。可见凡事须求一是处,都非易言。《中庸》曰:"人莫不饮食也,鲜能知味也。"《典论》曰:"一世长者知居处,三世长者知服食。"[1]古人进髻离肺[2],皆有法焉,未尝苟且。"子与人歌而善,必使反之,而后和之。"[3]圣人于一艺之微,其善取于人也如是。

余雅慕此旨,每食于某氏而饱,必使家厨往彼灶觚[4],执弟子之礼。四十年来,颇集众美。有学就者,有十分中得六七者,有仅得二三者,亦有竟失传者。余都问其方略,集而存之。虽不甚省记,亦载某家某味,以志景行。自觉好学之心,理宜如是。虽死法不足以限生厨,名手作书,亦多出入,未可专求之于故纸;然能率由旧章,终无大谬,临时治具,亦易指名。

或曰:"人心不同,各如其面。子能必天下之口,皆子之口乎?"曰:"执柯以伐柯,其则不远。吾虽不能强天下之口与吾同嗜,而姑且推己及物;则食饮虽微,而吾于忠恕之道,则已尽矣。吾何憾哉!"若夫《说郛》所载饮食之书三十

---

① 曹丕《与群臣论被服书》:"三世长者知被服,五世长者知饮食。此言被服饮食难晓也。"
② 髻,通鬐,鱼脊。离肺,去除肺。
③ 出自《论语·述而》。反,复也。和,跟着唱。
④ 灶觚,灶口突出处。

余种,眉公、笠翁,亦有陈言。曾亲试之,皆阏于鼻而蜇于口①,大半陋儒附会,吾无取焉。

【简评】

本篇是袁枚自序,简要说明了《随园食单》的创作宗旨、撰写经过等。

袁枚首先说古人重视饮食。为什么呢?老百姓有开门七件事:柴、米、油、盐、酱、醋、茶。自古皆然。而更深层次的原因在于:"夫礼之初始诸饮食。"(《礼记·礼运》)儒家重礼,所以在饮食上有一整套上下尊卑分明的完整礼仪。饮食礼仪的好坏,也就上升为国家治乱的象征。"笾豆有践"、"彼疏斯稗",说的就是这个意思。

对于吃货们最严厉的批评,可能来自于孟子:"饮食之人,则人贱之矣,为其养小以失大也。"(《孟子·告子上》)这里的小,指的是饮食,大,指的是德行,是儒家最重视的道德修养。孟子又提出,解决饥渴,"是未得饮食之正也"(《孟子·尽心上》),所以美食自有着滋养生命、愉悦身心的能量。

有趣的是,袁枚称自己正是以"饮食之人"被一众达官

---

① 阏,阻塞。蜇,刺伤。形容记载的菜单吃起来难入口。

显贵、文人墨客引为上宾的。袁枚大胆宣言："有目必好色，有口必好味。"认为应尊重人的天性，高张人的自然需求和欲望。

可能有人会奇怪，袁枚行事乖张、反正统，为什么还要处处从儒家经典找到推重饮食的依据呢？袁枚的思想比较复杂，儒道兼有，重在为我所用。

这本《食单》是袁枚平生的骄傲之作，他翻遍前人饮食书三十多种，并亲自实践，便有种睥睨群雄的豪气。李渔《闲情偶寄·饮馔部》簇拥者也不少，不过，李渔崇简复古、提倡素食，袁枚却是反复古、崇性灵的，从思想到饮食观的异趣，让他对李渔不屑一顾，也很可以理解了。

袁枚倾四十年之力写就这份《食单》，对饮食的论述系统、丰富、精致，且操作性很强，在当时就传之海内。袁枚也是个挑剔的食客，因为挑剔所以吃得精，因为吃得精所以懂得多，也正是这份"不将就"，才能让他享受到极致的美味，才能在别人风卷残云时，细嚼慢咽、品尝回味，将那转瞬即逝的舌尖体验，从"人人心中有"，转化为"人人笔下无"。这是一份私家的美食地图，按照四季节令、按照荤素冷热给你贴心指导，作为幸福的吃客，我们只需按图索骥准没错。

目录

前言 / 001

序 / 001

须知单 / 2

先天须知 / 003

作料须知 / 004

洗刷须知 / 005

调剂须知 / 006

配搭须知 / 007

独用须知 / 008

火候须知 / 009

色臭须知 / 010

迟速须知 / 011

变换须知 / 012

器具须知 / 013

上菜须知 / 014

时节须知 / 015

多寡须知 / 016

洁净须知 / 017

用纤须知 / 018

选用须知 / 019

疑似须知 / 021

补救须知 / 021

本分须知 / 022

戒单 / 024

戒外加油 / 024

戒同锅熟 / 025

戒耳餐 / 025

戒目食 / 026

戒穿凿 / 028

戒停顿 / 029

戒暴殄 / 030

戒纵酒 / 031

戒火锅 / 032

戒强让 / 033

戒走油 / 034

戒落套 / 035

戒混浊 / 037

戒苟且 / 038

金陵名菜 / 039

鳗鱼 / 039

鸭糊涂 / 040

挂卤鸭 / 041

刀鱼二法 / 042

鲥鱼 / 044

火腿煨肉 / 045

尹文端公家风肉 / 045

黄芽菜煨火腿 / 046

捶鸡 / 047

烧鹅 / 047

鲫鱼 / 048

白鱼 / 049

鱼松 / 049

糟鲞 / 050

瓢儿菜 / 051

马兰 / 051

杨花菜 / 052

腐干丝 / 052

大头菜 / 053

萝卜 / 053

牛首腐干 / 054

松饼 / 055

烧饼 / 055

竹叶粽 / 056

软香糕 / 056

芋粉团 / 057

白云片 / 057

花边月饼 / 058

海鲜单 / 060

燕窝 / 060

海参三法 / 062

淡菜 / 063

海蝘 / 063

乌鱼蛋 / 064

江瑶柱 / 064

蛎黄 / 065

江鲜单 / 066

黄鱼 / 066

班鱼 / 067

假蟹 / 068

特牲单 / 069

猪头二法 / 070

猪蹄四法 / 071

猪爪猪筋 / 072

猪肚二法 / 072

猪肺二法 / 073

猪腰 / 074

猪里肉 / 074

白片肉 / 075

红煨肉三法 / 076

白煨肉 / 077

油灼肉 / 077

干锅蒸肉 / 078

盖碗装肉 / 078

磁坛装肉 / 078

脱沙肉 / 079

晒干肉 / 079

台鲞煨肉 / 080

粉蒸肉 / 080

熏煨肉 / 081

芙蓉肉 / 082

荔枝肉 / 082

八宝肉 / 083

菜花头煨肉 / 084

炒肉丝 / 084

炒肉片 / 085

八宝肉圆 / 085

空心肉圆 / 086

锅烧肉 / 086

酱肉 / 086

糟肉 / 086

暴腌肉 / 087

家乡肉 / 087

笋煨火肉 / 087

烧小猪 / 088

烧猪肉 / 088

排骨 / 089

罗簑肉 / 089

端州三种肉 / 089

杨公圆 / 090

蜜火腿 / 090

杂牲单 / 092

牛肉 / 092

牛舌 / 093

羊头 / 094

羊蹄 / 094

羊羹 / 094

羊肚羹 / 095

红煨羊肉 / 096

炒羊肉丝 / 096

烧羊肉 / 096

全羊 / 097

假牛乳 / 097

羽族单 / 099

白片鸡 / 100

鸡松 / 100

生炮鸡 / 101

鸡粥 / 101

焦鸡 / 102

炒鸡片 / 103

蒸小鸡 / 103

酱鸡 / 103

鸡丁 / 104

鸡圆 / 104

蘑菇煨鸡 / 104

梨炒鸡 / 105

假野鸡卷 / 106

黄芽菜炒鸡 / 106

栗子炒鸡 / 106

灼八块 / 107

珍珠团 / 107

黄芪蒸鸡治瘵 / 108

卤鸡 / 109

蒋鸡 / 109

唐鸡 / 110

鸡肝 / 111

鸡血 / 111

鸡丝 / 111

糟鸡 / 112

鸡肾 / 112

鸡蛋 / 112

赤炖肉鸡 / 113

蘑菇煨鸡 / 113

鸽子 / 114

鸽蛋 / 114

蒸鸭 / 114

卤鸭 / 115

鸭脯 / 115

烧鸭 / 115

干蒸鸭 / 116

徐鸭 / 116

云林鹅 / 117

水族有鳞单 / 118

边鱼 / 118

季鱼 / 119

土步鱼 / 119

鱼圆 / 120

鱼片 / 121

连鱼豆腐 / 121

醋搂鱼 / 122

银鱼 / 122

台鲞 / 123

虾子勒鲞 / 123

鱼脯 / 124

家常煎鱼 / 124

黄姑鱼 / 125

水族无鳞单 / 126

汤鳗 / 126

红煨鳗 / 127

炸鳗 / 128

生炒甲鱼 / 129

酱炒甲鱼 / 129

带骨甲鱼 / 129

青盐甲鱼 / 130

汤煨甲鱼 / 130

全壳甲鱼 / 131

鳝丝羹 / 131

炒鳝 / 132

段鳝 / 132

虾圆 / 133

虾饼 / 133

醉虾 / 133

炒虾 / 134

蟹 / 134

蟹羹 / 135

炒蟹粉 / 135

剥壳蒸蟹 / 135

蛤蜊 / 136

蚶 / 136

蛼螯 / 136

程泽弓蛏干 / 137

鲜蛏 / 138

熏蛋 / 138

茶叶蛋 / 138

杂素菜单 / 141

蒋侍郎豆腐 / 141

杨中丞豆腐 / 142

张恺豆腐 / 143

庆元豆腐 / 143

芙蓉豆腐 / 143

王太守八宝豆腐 / 144

程立万豆腐 / 145

冻豆腐 / 146

虾油豆腐 / 146

蓬蒿菜 / 147

蕨菜 / 147

葛仙米 / 148

羊肚菜 / 149

石发 / 149

珍珠菜 / 149

素烧鹅 / 150

韭 / 150

芹 / 150

豆芽 / 151

茭 / 152

青菜 / 152

台菜 / 153

白菜 / 153

黄芽菜 / 153

波菜 / 154

蘑菇 / 154

松菌 / 155

面筋三法 / 155

茄二法 / 156

苋羹 / 157

芋羹 / 157

豆腐皮 / 158

扁豆 / 159

瓠子、王瓜 / 159

煨木耳、香蕈 / 160

冬瓜 / 160

煨鲜菱 / 161

缸豆 / 161

煨三笋 / 162

芋煨白菜 / 163

香珠豆 / 163

问政笋丝 / 164

炒鸡腿蘑菇 / 164

猪油煮萝卜 / 164

小菜单 / 166

笋脯 / 167

天目笋 / 167

玉兰片 / 168

素火腿 / 169

宣城笋脯 / 169

人参笋 / 170

笋油 / 170

糟油 / 170

虾油 / 171

喇虎酱 / 171

熏鱼子 / 172

腌冬菜、黄芽菜 / 172

莴苣 / 173

香干菜 / 173

冬芥 / 174

春芥 / 174

芥头 / 175

芝麻菜 / 175

风瘪菜 / 175

糟菜 / 176

酸菜 / 176

台菜心 / 176

乳腐 / 177

酱炒三果 / 177

酱石花 / 178

石花糕 / 178

小松菌 / 178

吐蛈 / 179

海蛰 / 179

虾子鱼 / 180

酱姜 / 180

酱瓜 / 181

新蚕豆 / 181

腌蛋 / 182

混套 / 183

茭瓜脯 / 183

酱王瓜 / 183

点心单 / 184

鳗面 / 185

温面 / 185

鳝面 / 185

裙带面 / 186

素面 / 186

蓑衣饼 / 187

虾饼 / 188

薄饼 / 188

面老鼠 / 189

颠不棱即肉饺也 / 190

肉馄饨 / 191

韭合 / 191

糖饼又名面衣 / 191

千层馒头 / 192

面茶 / 192

杏酪 / 193

粉衣 / 193

萝葡汤圆 / 193

水粉汤圆 / 194

脂油糕 / 195

雪花糕 / 195

百果糕 / 195

栗糕 / 196

青糕、青团 / 197

合欢饼 / 197

鸡豆糕 / 197

鸡豆粥 / 198

金团 / 198

藕粉、百合粉 / 199

麻团 / 199

熟藕 / 199

新栗、新菱 / 200

莲子 / 200

芋 / 201

萧美人点心 / 201

刘方伯月饼 / 202

陶方伯十景点心 / 203

杨中丞西洋饼 / 204

风枵 / 205

三层玉带糕 / 205

运司糕 / 206

沙糕 / 207

小馒头、小馄饨 / 207

雪蒸糕法 / 208

作酥饼法 / 209

天然饼 / 210

制馒头法 / 210

扬州洪府粽子 / 211

饭粥单 / 213

饭 / 213

粥 / 215

茶酒单 / 217

茶 / 218

武夷茶 / 220

龙井茶 / 221

常州阳羡茶 / 222

洞庭君山茶 / 222

酒 / 223

金坛于酒 / 224

德州卢酒 / 224

四川郫筒酒 / 224

绍兴酒 / 225

湖州南浔酒 / 226

常州兰陵酒 / 226

溧阳乌饭酒 / 227

苏州陈三白 / 228

金华酒 / 229

山西汾酒 / 229

已列入国家保护动物、

　三有保护动物单 / 231

鱼翅二法 / 231

鲟鱼 / 232

鹿肉 / 232

鹿筋二法 / 233

獐肉 / 233

果子狸 / 233

鹿尾 / 234

野鸡五法 / 234

野鸭 / 234

野鸭团 / 235

煨麻雀 / 235

煨鹌鹑、黄雀 / 235

水鸡 / 236

手抄本《袁枚日记》
记载食方 / 237

油炸汤团 / 237

蒋敦复《随园轶事》
记载食方 / 238

《食单》拾遗 / 238

隨園食單

乾隆壬子鐫

小倉山房藏版

须知单

学问之道，先知而后行，饮食亦然。作《须知单》。

【简评】

学问有道，饮食亦有道。袁枚从先天、时节、火候、色味到上菜等，提出二十条烹饪准则。

先天须知

凡物各有先天，如人各有资禀。人性下愚，虽孔、孟教之，无益也；物性不良，虽易牙①烹之，亦无味也。指其大略：猪宜皮薄，不可腥臊；鸡宜骟②嫩，不可老稚；鲫鱼以扁身白肚为佳，乌背者，必崛强于盘中；鳗鱼以湖溪游泳为贵，江生者，必槎枒其骨节；谷喂之鸭，其膘肥而白色；壅土之笋，其节少而甘鲜；同一火腿也，而好丑判若天渊；同一台鲞③也，而美恶分为冰炭；其他杂物，可以类推。大抵一席佳肴，司厨之功居其六，买办之功居其四。

【简评】

人有贤愚，食材也有优劣，所以要善于选材。这是随园家厨王小余亲授经验。王大厨会亲自去买菜，理由

---

① 易牙，春秋时著名厨师。

② 骟，音 shàn，阉割。

③ 鲞，音 xiǎng，剖开晾干的鱼。台鲞，浙江台州出产的鱼鲞。

是："物各有天。其天良，我乃治。"（袁枚《小仓山文集》卷七《厨者王小余传》）食材的先天差别有多大呢？袁枚拿火腿来说："三年出一个状元，三年出不得一个好火腿。"（袁枚《小仓山房尺牍》卷八《戏答方甫参馈火腿》）足见选材之严。

作料须知

厨者之作料，如妇人之衣服首饰也。虽有天姿，虽善涂抹，而敝衣蓝缕，西子亦难以为容。善烹调者，酱用伏酱①，先尝甘否；油用香油，须审生熟；酒用酒酿，应去糟粕；醋用米醋，须求清洌。且酱有清浓之分，油有荤素之别，酒有酸甜之异，醋有陈新之殊，不可丝毫错误。其他葱、椒、姜、桂、糖、盐，虽用之不多，而俱宜选择上品。苏州店卖秋油②，有上、中、下三等。镇江醋颜色虽佳，味不甚酸，失醋之本旨矣。以板浦醋③为第

---

① 伏酱，三伏天制作的酱。气温最高，发酵充分，口感最好。
② 秋油，酱油。清王士雄《随息居饮食谱》："篘油则豆酱为宜，日晒三伏，晴则夜露。深秋第一篘者胜，名秋油，即母油。"篘，音 chōu，过滤。后文亦称清酱。
③ 板浦醋，产自江苏连云港。

一，浦口醋①次之。

【简评】

　　菜如美人，作料就是她的罗衣，可以惊艳四座，也可黯然失色。美人穿衣，一要适宜，二要选上品，作料亦同。

　　盐是最早使用的调味品，也是作料里的头一份。酱、酒、醋也历史悠久，《周礼·天官》就记载有专人负责醢（音 hǎi，指肉酱）、酒、醯（音 xī，指醋）事。

　　现位列"四大名醋"的镇江醋，袁枚倒觉得寻常，因为不够酸。他偶然尝到连云港出产的"板浦醋"，推为第一。可惜现已式微。而袁枚认为同样胜过镇江醋的南京浦口醋已湮灭不闻，惜甚！

洗刷须知

　　洗刷之法，燕窝去毛，海参去泥，鱼翅去沙，鹿筋去臊。肉有筋瓣，剔之则酥；鸭有肾臊②，削之则净；鱼

---

① 浦口醋，产自江苏南京浦口。
② 肾臊，鸭腰子，非鸭胗。

胆破，而全盘皆苦；鳗涎存，而满碗多腥；韭删叶而白存，菜弃边而心出。《内则》曰："鱼去乙，鳖去丑。"①此之谓也。谚云："若要鱼好吃，洗得白筋②出。"亦此之谓也。

【简评】

这是食物清洗去取的常识。

调剂须知

调剂之法，相物而施。有酒水兼用者，有专用酒不用水者，有专用水不用酒者；有盐酱并用者，有专用清酱不用盐者，有用盐不用酱者；有物太腻，要用油先炙者；有气太腥，要用醋先喷者；有取鲜必用冰糖者；有以干燥为贵者，使其味入于内，煎炒之物是也；有以汤多为贵者，使其味溢于外，清浮之物是也。

---

① 乙，鱼肠。丑，肛门。
② 白筋，鲤鱼鱼背上有两根鱼线，抽出去腥。

配搭须知

谚曰："相女配夫。"《记》曰："儗人必于其伦。"① 烹调之法，何以异焉？凡一物烹成，必需辅佐。要使清者配清，浓者配浓，柔者配柔，刚者配刚，方有和合之妙。其中可荤可素者，蘑菇、鲜笋、冬瓜是也。可荤不可素者，葱、韭、茴香、新蒜是也。可素不可荤者，芹菜、百合、刀豆是也。常见人置蟹粉于燕窝之中，放百合于鸡、猪之肉，毋乃唐尧②与苏峻③对坐，不太悖乎？亦有交互见功者，炒荤菜，用素油，炒素菜，用荤油是也。

【简评】

夫妻"琴瑟和鸣"羡煞神仙，做菜也讲"同类相吸"。袁枚提出菜分清、浓、刚、柔，同类才能搭配。可荤不可素的几种，古人认为它们是蔬中"荤菜"。可荤可素的几

---

① 出自《礼记·曲礼下》。同类同辈的人才能相比。

② 尧，古唐国（今山西临汾）人。上古时期部落联盟首领，"五帝"之一。

③ 苏峻，晋朝将领、叛臣。后战败被杀。

样，因它们既有素菜的清澄，又有荤菜的甘厚。

燕窝，至清至柔，蟹粉，至浓至刚，混搭则不伦不类。

独用须知

味太浓重者，只宜独用，不可搭配。如李赞皇①、张江陵②一流，须专用之，方尽其才。食物中，鳗也，鳖也，蟹也，鲥鱼也，牛羊也，皆宜独食，不可加搭配。何也？此数物者味甚厚，力量甚大，而流弊亦甚多，用五味调和，全力治之，方能取其长而去其弊。何暇舍其本题，别生枝节哉？金陵人好以海参配甲鱼，鱼翅配蟹粉，我见辄攒眉。觉甲鱼、蟹粉之味，海参、鱼翅分之而不足；海参、鱼翅之弊，甲鱼、蟹粉染之而有余。

【简评】

李德裕、张居正，是治世能臣，胸有韬略，专断独

----

① 李德裕，河北赞皇县人。辅佐唐武宗开创"会昌中兴"。
② 张居正，今湖北江陵县人。明朝中后期政治家、改革家。辅佐万历皇帝开创"万历新政"。

行。袁枚说，很多菜也是这样，只宜独用，如鳗鱼、甲鱼、螃蟹、鲥鱼、牛羊肉。何故？无外乎厨圣伊尹说的"水居者腥，肉获者臊，草食者膻"。（《吕氏春秋》第十四卷"本味"）取长补短，已拼尽全力。

火候须知

熟物之法，最重火候。有须武火者，煎炒是也；火弱则物疲矣。有须文火者，煨煮是也；火猛则物枯矣。有先用武火而后用文火者，收汤之物是也；性急则皮焦而里不熟矣。有愈煮愈嫩者，腰子、鸡蛋之类是也。有略煮即不嫩者，鲜鱼、蚶蛤之类是也。肉起迟则红色变黑，鱼起迟则活肉变死。屡开锅盖，则多沫而少香。火熄再烧，则走油而味失。道人以丹成九转为仙，儒家以无过、不及为中。司厨者，能知火候而谨伺之，则几于道矣。鱼临食时，色白如玉，凝而不散者，活肉也；色白如粉，不相胶粘者，死肉也。明明鲜鱼，而使之不鲜，可恨已极。

【简评】

火候是厨师的看家本领。袁枚对王小余大厨把握火

候，有非常传神的刻画："其倚灶时，崔立不转目，釜中
瞠也，呼张噏之，寂如无闻。煦火者曰'猛'，则炀者如
赤日；曰'撤'，则传薪者以递减；曰'且然蕴'，则置之
如弃；曰'羹定'，则侍者急以器受。"(《厨者王小余传》)
火候稍纵即逝，只有在全神贯注、屏气凝神中指挥若定，
才"技可进乎道，艺可通于神"。

　　掌握不了火候，会把"活肉"变"死肉"，袁枚说
"可恨已极"，真是个较真可爱的老头。

色臭须知

　　目与鼻，口之邻也，亦口之媒介也。嘉肴到目、到
鼻，色臭便有不同。或净若秋云，或艳如琥珀，其芬芳
之气亦扑鼻而来，不必齿决之，舌尝之，而后知其妙也。
然求色艳不可用糖炒，求香不可用香料。一涉粉饰便
伤至味。

【简评】
　　国人饮食讲究色香味俱佳。一道美食刚上来，筷箸
未动，眼睛和鼻子先享用上了。之所以说目鼻是媒，是

因为卖相不佳的菜，让人生不出食欲，压根不愿意吃。所以"吃"这样一个最简单的动作，人已经调动整个五官，去体味食物之美，只是人通常不自知而已。所以说秀色可餐。

袁枚特别注重食物天然的味道。比如，用炒糖色烧出来的红烧肉或卤味，色泽红润明亮，在今天仍算一门不简单的功夫。不过，袁枚并不欣赏，他认为糖色和香料会伤"至味"，也就是食物最本真的味道。

迟速须知

凡人请客，相约于三日之前，自有工夫平章百味。若斗然客至，急需便餐；作客在外，行船落店；此何能取东海之水，救南池之焚乎？必须预备一种急就章之菜，如炒鸡片，炒肉丝，炒虾米豆腐及糟鱼、茶腿①之类，反能因速而见巧者，不可不知。

---

① 茶腿，金华火腿中的上品。乾隆年间赵学敏《本草纲目拾遗》卷九"兰熏"条："味颇淡，可以点茶，名'茶腿'。"

变换须知

一物有一物之味，不可混而同之。犹如圣人设教，因才乐育，不拘一律。所谓君子成人之美也。今见俗厨，动以鸡、鸭、猪、鹅一汤同滚，遂令千手雷同，味同嚼蜡。吾恐鸡、猪、鹅、鸭有灵，必到枉死城中告状矣。善治菜者，须多设锅、灶、盂、钵之类，使一物各献一性，一碗各成一味。嗜者舌本应接不暇，自觉心花顿开。

【简评】

孔子三千弟子七十二贤人，最成功的教育法就是因材施教。做菜如何能一锅乱炖？名厨往往在最寻常处见功夫："工于制菜者，所用之物，不过鸡、猪、鱼、鸭。"（《小仓山房尺牍》卷四《答章观察招饮》）普通的菜，做得不普通，品尝者舌尖愉悦，心花怒放，那才是真正的高手！

器具须知

古语云：美食不如美器。斯语是也。然宣、成、嘉、万①窑器太贵，颇愁损伤，不如竟用御窑，已觉雅丽。惟是宜碗者碗，宜盘者盘，宜大者大，宜小者小，参错其间，方觉生色。若板板于十碗八盘之说，便嫌笨俗。大抵物贵者器宜大，物贱者器宜小。煎炒宜盘，汤羹宜碗，煎炒宜铁锅，煨煮宜砂罐。

【简评】

宣、成、嘉、万四朝瓷器在明代成就最高，在袁枚的时代就很名贵。

据王英志《袁枚是这样"富裕"起来的》考证，袁枚集地主、文人、出版商、教师、名人五重身份于一身，还有一份吏部的退休金，生财有道的他简直是"山中宰相"。雍正帝在养心殿安装了当时还非常名贵的玻璃来改善采光，袁枚的随园也有："玻璃代窗纸，门户生虚空。"

---

① 宣、成、嘉、万，即明宣德、成化、嘉靖、万历。均为年号。

（袁枚《小仓山房诗集》卷十五《水精域》）

　　应该说，袁枚不是没有财力追求名贵，但他认为使用才是食器的价值之所，可使用却难免有滑手、磕碰的时候，所以只要是官窑出品，秀雅端丽就可以了。这充分体现袁枚是个物尽其用、精致讲究但也量力而行的"生活美学家"。

上菜须知

　　上菜之法，盐者宜先，淡者宜后；浓者宜先，薄者宜后；无汤者宜先，有汤者宜后。且天下原有五味，不可以咸之一味概之。度客食饱，则脾困矣，须用辛辣以振动之；虑客酒多，则胃疲矣，须用酸甘以提醒之。

【简评】

　　好厨师的最高境界就是"万口之甘如一口"（《厨者王小余传》），人人都觉得好吃。除了高超的厨艺，上菜的顺序也藏玄机。只有掌握了脾胃的规律，才能既让舌尖满足，也让身体舒适。

时节须知

夏日长而热，宰杀太早，则肉败矣。冬日短而寒，烹饪稍迟，则物生矣。冬宜食牛羊，移之于夏，非其时也。夏宜食干腊①，移之于冬，非其时也。辅佐之物，夏宜用芥末，冬宜用胡椒。当三伏天而得冬腌菜，贱物也，而竟成至宝矣。当秋凉时而得行鞭笋②，亦贱物也，而视若珍馐矣。有先时而见好者，三月食鲥鱼③是也。有后时而见好者，四月食芋艿是也。其他亦可类推。有过时而不可吃者，萝卜过时则心空，山笋过时则味苦，刀鲚④过时则骨硬。所谓四时之序，成功者退，精华已竭，褰裳⑤去之也。

---

① 干腊，干肉。

② 宋人释赞宁《笋谱》："今吴会间，八月，乡人往往掘土采鞭头为笋。"

③ 鲥鱼，溯河产卵的洄游性鱼类，与河豚、刀鱼并称"长江三鲜"。

④ 鲚，音jì，形似尖刀，故名刀鱼，又叫鮆鱼。生活在海洋中，春季时成群溯长江而上。

⑤ 褰，音qiān。褰裳，撩起下衣。

【简评】

吃时令菜，是古人的智慧，也是顺应天地自然的养生之道。

牛羊肉性热，冬天吃了全身暖和，再加一点胡椒，还能去膻。夏天的冬腌菜，秋天的鞭笋，都很便宜，不过鲜香异常，不比山珍海味逊色。

即便是时令菜，老饕们总是比一般食客更早闻风而动：三月的鲥鱼、明前的刀鱼，刚上市就赶紧去尝鲜，因为"清明前细骨软如绵，清明后细骨硬如针"；他们也更懂得物以稀为贵，比如四月快下市的芊芳滋味。而"过时货"有的就不好吃，空心的萝卜，发苦的笋。按照四时之序，吃出的是美味，也是哲思。万物有兴衰，"劝君莫惜金缕衣，劝君惜取少年时"，珍惜最美的食物，珍惜最美的年华。

多寡须知

用贵物宜多，用贱物宜少。煎炒之物多，则火力不透，肉亦不松。故用肉不得过半斤①，用鸡、鱼不得过六两。或问：食之不足如何？曰：俟食毕后另炒可也。以多为贵者，白煮肉，非二十斤以外，则淡而无味。粥亦然，非斗米②则汁浆不厚，且须扣水，水多物少，则味亦薄矣。

【简评】

炒菜要小炒，烧肉要大锅烧肉，这很多人都懂。袁枚给出了"铁律"：炒肉，肉不能超过半斤（今制的八两）；炒鸡、鱼，肉则不能超过六两（现在的四两左右）；白煮肉、粥，需量多煮才滋味浓厚。

洁净须知

切葱之刀，不可以切笋；捣椒之臼，不可以捣粉。闻菜有抹布气者，由其布之不洁也；闻菜有砧板气者，由其板之不净也。"工欲善其事，必先利其器。"良厨先多磨刀，多换布，多刮板，多洗手，然后治菜。至于口吸

---

① 半斤，即现在的八两。旧制一斤为十六两。
② 斗米，今制十升米。

之烟灰，头上之汗汁，灶上之蝇蚁，锅上之烟煤，一玷
入菜中，虽绝好烹庖，如西子蒙不洁，人皆掩鼻而过
之矣。

【简评】

在饮食上，虽然我们做不到"朝饮木兰之坠露兮，
夕餐秋菊之落英"（屈原《离骚》）那样超凡脱俗，但最基
本的洁净还是要的。当你全身心投入做菜这件事时，你
会油然而生一种敬畏和慎重，也会注意到准备工作的每
个细节，比如刀、布、砧板、手干不干净，保证菜是洁
净的。

用纤①须知

俗名豆粉为纤者，即拉船用纤也，须顾名思义。因
治肉者要作团而不能合，要作羹而不能腻，故用粉以牵
合之。煎炒之时，虑肉贴锅，必至焦老，故用粉以护持
之。此纤义也。能解此义用纤，纤必恰当，否则乱用可

---

① 纤，即芡粉，又叫淀粉或豆粉。

笑，但觉一片糊涂。《汉制考》① 齐呼曲麸为媒，媒即纤矣。

【简评】

要想菜肴汤汁浓稠、色泽好看、菜更入味，勾芡可是法宝。

前面袁枚说了"肉有筋瓣，剔之则酥"，所以做肉圆需要增加黏性，最好手工剁馅、充分搅拌，也可以用一些蛋液或少许芡粉调和，最后在成团的时候，扑点儿芡粉定型。

烧汤勾芡，浓而不腻。煎炒勾芡，则外酥里嫩。也有不宜勾芡的，如：清炒蔬菜、干煸菜、红烧肉、凉菜等。

选用须知

选用之法，小炒肉用后臀，做肉圆用前夹心②，煨肉

---

① 宋代王应麟著。
② 前夹心，指猪前腿上部的肉，肥瘦相间，质老筋多。

用硬短勒①。炒鱼片用青鱼、季鱼②，做鱼松用鲩③鱼、鲤鱼。蒸鸡用雏鸡④，煨鸡用骟鸡，取鸡汁用老鸡；鸡用雌才嫩，鸭用雄才肥；莼菜用头，芹韭用根；皆一定之理。余可类推。

【简评】

这条讲的是如何把食材的优势发挥到最大化。

蒸鸡是取其嫩，所以用雏鸡；煨鸡是取其肉多，所以用阉割过的专心长肉的鸡；鸡汤是取其鲜，老母鸡汤鲜得掉眉毛。

南京人对吃鸭特别有心得。袁枚说"鸭用雄才肥"。同样久居南京的李渔也说："诸禽尚雌，而鸭独尚雄。"（《闲情偶寄·饮撰部》）而且鸭子非常滋补："烂蒸老雄鸭，功效比参芪。"什么道理呢？很多动物年老就会体衰，可雄鸭会越长越肥，古人认为它精气不泻，所以很补。

---

① 硬短勒，指猪肋骨下的肉，又叫方肉、五花肉。
② 季鱼，鳜鱼。
③ 鲩，音 huàn。鲩鱼，即草鱼。
④ 雏鸡，出生不满二十天的鸡。（北魏贾思勰《齐民要术》）

疑似须知

味要浓厚，不可油腻；味要清鲜，不可淡薄。此疑似之间，差之毫厘，失以千里。浓厚者，取精多而糟粕去之谓也。若徒贪肥腻，不如专食猪油矣。清鲜者，真味出而俗尘无之谓也。若徒贪淡薄，则不如饮水矣。

【简评】

人们嘲笑猪八戒吃人参果是全不知滋味，可人对美食"知味"了吗？欣赏美食，跟欣赏其他艺术一样，都是疑似之间却天壤之别，所以要细细体会其精妙细微的差别。浓厚，是精华内蕴，人吃了元气满满；肥腻，是油腻十足，人吃了脑满肠肥；清鲜，是净若秋云，不同凡俗；淡薄，是寡淡无味，全无余韵。

补救须知

名手调羹，咸淡合宜，老嫩如式，原无需补救。不得已为中人说法，则调味者，宁淡毋咸；淡可加盐以救之，咸则不能使之再淡矣。烹鱼者，宁嫩毋老，嫩可加火候以补之，老则不能强之再嫩矣。此中消息，于一切下作料时，静观火色便可参详。

【简评】

做菜要特别注意过犹不及。

本分须知

满洲菜多烧煮，汉人菜多羹汤，童而习之，故擅长也。汉请满人，满请汉人，各用所长之菜，转觉入口新鲜，不失邯郸故步。今人忘其本分，而要格外讨好。汉请满人用满菜，满请汉人用汉菜，反致依样葫芦，有名无实，画虎不成反类犬矣。秀才下场，专作自己文字，务极其工，自有遇合。若逢一宗师而摹仿之，逢一主考而摹仿之，则掇皮无真，终身不中矣。

【简评】

满族菜也好，汉族菜也罢，都博大精深，尤其汉族菜流派众多，各擅其长。袁枚一句"满洲菜多烧煮，汉人菜多羹汤",真是一语道破天机。

清初,康熙皇帝为了缓解满汉矛盾,也吸取元朝覆灭教训,推行"清承明制",大力笼络汉族知识分子。著名宫廷宴"满汉全席",也是在这个背景下产生的。满汉交流增多,袁枚的"伯乐"、两江总督尹继善,就是满洲镶黄旗人,不过,袁枚提出宴饮酬酢还是要发挥自己所长。

科考应试,最规矩森严、泯灭个性了吧?可袁枚还是个性十足,《赋得因风想玉珂》有"声疑来禁院,人似隔天河"之句,有考官质疑袁枚把勤政写成了风花雪月,尹继善仍慧眼独具录用了他。(事见袁枚《随园诗话》卷一)终其一生,袁枚都是"我手写我心",活得肆意舒展。他在官场急流勇退后,找到了最适合自己的生活方式,归隐随园,成为天纵奇才的"性灵派"盟主。

戒
单

为政者兴一利，不如除一弊，能除饮食之弊则思过半矣。作《戒单》。

戒外加油

俗厨制菜，动熬猪油一锅，临上菜时，勺取而分浇之，以为肥腻。甚至燕窝至清之物，亦复受此玷污。而俗人不知，长吞大嚼，以为得油水入腹。故知前生是饿鬼投来。

【简评】

在出锅时浇猪油者，袁枚毫不留情斥为"俗厨"。以此为油水者，则是饿鬼投胎！讽刺略辛辣。

而燕窝浇猪油，更如美人堕风尘，可叹可惜！

戒同锅熟

同锅熟之弊，已载前"变换须知"一条中。

戒耳餐

何谓耳餐？耳餐者，务名之谓也。贪贵物之名，夸敬客之意，是以耳餐，非口餐也。不知豆腐得味，远胜燕窝；海菜不佳，不如蔬笋。余尝谓鸡、猪、鱼、鸭，豪杰之士也，各有本味，自成一家。海参、燕窝，庸陋之人也，全无性情，寄人篱下。尝见某太守宴客，大碗如缸，白煮燕窝四两，丝毫无味，人争夸之。余笑曰："我辈来吃燕窝，非来贩燕窝也。"可贩不可吃，虽多奚为？若徒夸体面，不如碗中竟放明珠百粒，则价值万金矣。其如吃不得何？

【简评】

人皆口餐，袁枚发明"耳餐"一词，甚妙！吃的是贵的东西吗？非也，虚名罢了！

袁枚的饮食观不同流俗，说"石破天惊"也不为过：入味的豆腐比燕窝好吃，蔬笋比品次的海鲜味美。鸡、猪、鱼、鸭，这些寻常菜色，袁枚赞它们是"豪杰之士"。在当时竞相豪奢的江南饮食圈，反其道而行，转而追求食物的本味、对生命的滋养，不啻一股清流。

燕窝、海参，为什么是"庸陋之人"呢？因为它们没有"本味"，只是"盗他人味以为己味"（《小仓山房尺牍》卷一《答尹相国》）罢了！

戒目食

何谓目食？目食者，贪多之谓也。今人慕"食前方丈^①"之名，多盘叠碗，是以目食，非口食也。不知名手写字，多则必有败笔；名人作诗，烦则必有累句。极名厨之心力，一日之中，所作好菜不过四五味耳，尚难拿准，况拉杂横陈乎？就使帮助多人，亦各有意见，全无纪律，愈多愈坏。余尝过一商家，上菜三撤席，点心十六道，共算食品将至四十余种。主人自觉欣欣得意，而我散席还家，仍煮粥充饥。可想见其席之丰而不洁矣。南朝孔琳之^②曰："今人好用多品，适口之外，皆为悦目之资。"余以为肴馔横陈，熏蒸腥秽，口亦无可悦也。

【简评】

除了"耳餐"，居然还有"目食"。燕窝如山，海参似海，三撤席，是饱了眼福，可怜了肚子。袁枚居然饿着肚子回家煮粥喝。何故？不好吃啊！袁枚的家厨王小余厨艺了得，做的菜客人吃了"欲吞其器者屡也"（《厨者王小余传》），但人家一次至多做六七个菜。可能有人不解，不就是做菜吗？哪来那么多讲究！可是，假如换做写诗

---

① 语出《孟子·尽心下》。吃饭时面前一丈见方的地方摆满了食物。

② 孔琳之，字彦林，会稽山阴（今浙江绍兴）人。官至尚书，清廉节俭。（《宋书·列传第十六》）

为文，就容易理解得多：长篇累牍易多废话，经典诗句以少胜多。

南朝孔琳之见食前方丈，可"所甘不过一味"（《答章观察招饮》），倒是袁枚的异代知己。

戒穿凿

物有本性，不可穿凿为之。自成小巧，即如燕窝佳矣，何必捶以为团？海参可矣，何必熬之为酱？西瓜被切，略迟不鲜，竟有制以为糕者。苹果太熟，上口不脆，竟有蒸之以为脯者。他如《尊生八笺》①之秋藤饼，李笠翁之玉兰糕，都是矫揉造作，以杞柳为杯棬②，全失大方。譬如庸德庸行，做到家便是圣人，何必索隐行怪乎？

【简评】

这里袁枚批判的是饮食上的穿凿之风。何谓穿凿？就是追求新鲜奇巧，却违背了食物的本性。

---

① 尊应为遵。明高濂写的一本养生专著。

② 棬，音 quān，曲木做的饮器。《孟子·告子上》："告子曰：'性犹杞柳也，义犹杯棬也。以人性为仁义，犹以杞柳为杯棬。'"

圣人，是儒家的最高理想人格，袁枚认为，成圣不过是将最平常的道德规范做到家。在饮食上，袁枚也更欣赏"庖丁解牛"式的技术派。

戒停顿

物味取鲜，全在起锅时极锋而试，略为停顿，便如霉过衣裳，虽锦绣绮罗，亦晦闷而旧气可憎矣。尝见性急主人，每摆菜必一齐搬出。于是厨人将一席之菜，都放蒸笼中，候主人催取，通行齐上。此中尚得有佳味哉？在善烹饪者，一盘一碗，费尽心思；在吃者，卤莽暴戾，囫囵吞下，真所谓得哀家梨①，仍复蒸食者矣。余到粤东，食杨兰坡②明府鳝羹而美，访其故，曰："不过现杀现烹、现熟现吃，不停顿而已。"他物皆可类推。

【简评】

做好菜不及时上的坏处，好像发过霉的衣裳那么严重。

---

① 相传汉秣陵哀仲家梨，实大味美。语出南朝刘义庆《世说新语·轻诋》。

② 杨国霖，字兰坡，乾隆时曾任广东高要县令，即后文中"杨明府"。

厨师对于做菜火候的把握，费尽心思，说争分夺秒也不为过。可谁知，主人却喜欢一桌菜一起上，只好让菜在蒸笼里温着。这些菜，只能委委屈屈从珍珠变鱼目。

让袁枚念念不忘的杨兰坡家鳝羹，秘诀就是：现杀现烹，现熟现吃。这条对鱼鲜类都适用。

戒暴殄

暴者不恤人功，殄者不惜物力。鸡、鱼、鹅、鸭，自首至尾，俱有味存，不必少取多弃也。尝见烹甲鱼者，专取其裙而不知味在肉中；蒸鲥鱼者，专取其肚而不知鲜在背上。至贱莫如腌蛋，其佳处虽在黄不在白，然全去其白而专取其黄，则食者亦觉索然矣。且予为此言，并非俗人惜福之谓，假使暴殄而有益于饮食，犹之可也。暴殄而反累于饮食，又何苦为之？至于烈炭以炙活鹅之掌，剚①刀以取生鸡之肝，皆君子所不为也。何也？物为人用，使之死可也，使之求死不得不可也。

---

① 剚，音 zhuàn，切肉貌。剚刀，指取活鸡肝所用刀法。

【简评】

甲鱼的裙边弹滑好吃，唐代僧人就感慨："但愿鹅生四脚，鳖著两裙。"（清人梁绍壬《两般秋雨盦随笔》卷六"和尚破荤"条）不过，袁枚说其实滋味都在肉中。鲥鱼的肚和背，咸鸭蛋的黄与白，其实是一体两面，各有各的滋味，看得出，袁枚对食物很珍惜。而珍惜食物、珍惜生活中的"小确幸"，会让你感受到生活更多的美好。

而对虐杀动物的做法，袁枚很反感。比如，武则天的男宠张易之把鹅关在大铁笼里，下面用炭烤，就为了吃一道"活炙鹅掌"（事见唐人张鷟《朝野佥载》）袁枚认为这样的吃法太残忍，有违君子之道。看得出，他有一颗仁爱之心。

戒纵酒

事之是非，惟醒人能知之；味之美恶，亦惟醒人能知之。伊尹曰："味之精微，口不能言也。"[①] 口且不能

---

① 见《吕氏春秋》卷十四"本味"篇。"厨圣"伊尹，曾辅佐商汤灭夏。

言，岂有呼呶酗酒之人，能知味者乎？往往见拇战之徒，
啖佳菜如啖木屑，心不存焉。所谓惟酒是务，焉知其余，
而治味之道扫地矣。万不得已，先于正席尝菜之味，后
于撤席逞酒之能，庶乎其两可也。

【简评】

　　酒是诗人们的缪斯，"李白斗酒诗百篇"（杜甫《饮
中八仙歌》）。袁枚不善饮，可他也说了："有酒我不饮，
无酒我不欢。"（《小仓山房诗集》卷六《十九日梅坡招孟
亭、南台再集，得"观"字》）不爱一醉方休，却喜欢一
杯酒，一轮月，一抹花香，在丘山园林间陶然忘机。很
小资很有情调。

　　纵酒后，人半醉半醒，大脑控制的味觉也会失灵。
这时候吃好菜如同吃木炭，索然无味了。实在要喝，袁
枚说，那就吃好菜再喝，这样也比较养生。

戒火锅

　　冬日宴客，惯用火锅，对客喧腾，已属可厌；且各
菜之味，有一定火候，宜文宜武，宜撤宜添，瞬息难差。

今一例以火逼之，其味尚可问哉？近人用烧酒代炭，以为得计，而不知物经多滚总能变味。或问：菜冷奈何？曰：以起锅滚热之菜，不使客登时食尽，而尚能留之以至于冷，则其味之恶劣可知矣。

【简评】

今人三五好友相聚，或小规模饭局，喜用火锅，何也？麻辣鲜香，刺激味蕾。在随煮随捞中谈笑风生，由随意更生出一份亲近感。自古以来，火锅的簇拥者不少，取其便利，宜于冬时。宋人林洪就吃过一道武夷山的隐士止止师所做的"啜兔肉片"，当时不免惊为天人，得句"浪涌晴江雪，风翻照晚霞"，这道菜也有了一个风雅的名字"拨霞供"。（见《山家清供》）

不过，袁枚对此中风味难以欣赏，直说火锅"可厌"。因为，最最要紧的火候难以掌握。

戒强让

治具宴客，礼也。然一肴既上，理宜凭客举箸，精肥整碎，各有所好，听从客便，方是道理，何必强让之？

常见主人以箸夹取，堆置客前，污盘没碗，令人生厌。须知客非无手无目之人，又非儿童、新妇，怕羞忍饿，何必以村姬小家子之见解待之？其慢客也至矣！近日倡家，尤多此种恶习，以箸取菜，硬入人口，有类强奸，殊为可恶。长安有甚好请客，而菜不佳者，一客问曰："我与君算相好乎？"主人曰："相好！"客踉而请曰："果然相好，我有所求，必允许而后起。"主人惊问："何求？"曰："此后君家宴客，求免见招。"合坐为之大笑。

【简评】

给客人夹菜，是好客吗？"慢客"而已。一则，碗里菜堆如山，殊不美观，取食也不便。二则，当时官场狎妓之风盛行，倡家喂食，更是有如"强奸"。不如客人自取，就餐氛围轻松、舒适，才是对客人最好的尊重。

戒走油

凡鱼、肉、鸡、鸭，虽极肥之物，总要使其油在肉中，不落汤中，其味方存而不散。若肉中之油，半落汤中，则汤中之味反在肉外矣。推原其病有三：一误于火太猛，滚急水干，重番加水；一误于火势忽停，既断复续；一病在于太要相度，屡起锅盖，则油必走。

【简评】

心急吃不了热豆腐，做菜必须顺着它的规律和节奏。否则，不懂烧到什么程度，必定屡开锅盖察看；不懂火候，食物没熟水烧干了，只能加水；更要命的是不懂熟没熟，烧烧停停。这几种做菜的弊病，都会使食物的风味变差，也就是"走油"了。做菜一气呵成，精华才能原原本本保留。

戒落套

唐诗最佳，而五言八韵之试帖，名家不选，何也？以其落套故也。诗尚如此，食亦宜然。今官场之菜，名号有十六碟、八簋①、四点心之称，有满汉席之称，有八小吃之称，有十大菜之称，种种俗名皆恶厨陋习。只可用之于新亲上门，上司入境，以此敷衍；配上椅披桌裙，

---

① 簋，音 guǐ，食器。

插屏香案，三揖百拜方称。若家居欢宴，文酒开筵，安可用此恶套哉？必须盘碗参差，整散杂进，方有名贵之气象。余家寿筵婚席，动至五六桌者，传唤外厨，亦不免落套。然训练之卒，范我驰驱者，其味亦终竟不同。

【简评】

"落套"就是只学到形似，依样画葫芦，只求个鲜花着锦的热闹劲儿。所以，只适合一些需要仪式感的场合。摆设的作用远大于吃，跟旁边供的香、插的屏没多少区别。

"气象"一词很难言表，却约略可以感受：比如，"江南佳丽地，金陵帝王州"（谢朓《入朝曲》）是南京的气象；"无边落木萧萧下，不尽长江滚滚来"（杜甫《登高》）是盛唐的气象；餐桌上的富贵气象，是美的味道、美的形式、有底蕴、有自信，怎可面目模糊？

袁枚是最早记录"满汉席"的文人之一。一般认为同时代李斗《扬州画舫录》记载了最早一份满汉全席菜单，为江南官府菜代表。

戒混浊

混浊者，并非浓厚之谓。同一汤也，望去非黑非白，如缸中搅浑之水。同一卤也，食之不清不腻，如染缸倒出之浆。此种色味令人难耐。救之之法，总在洗净本身，善加作料，伺察水火，体验酸咸，不使食者舌上有隔皮隔膜之嫌。庾子山论文云："索索无真气，昏昏有俗心。"① 是即混浊之谓也。

【简评】

做得成功的菜各具性情，如清、浓、刚、柔，皆为上品。浑浊则属于下下品。

如何避免呢？一，要清洗干净，无异味；二，作料适宜，比如清炖的菜就不要加酱搅浑了；三，把握火候、加水，保留食物最本真的味道。

---

① 北朝庾信《拟咏怀》。

戒苟且

凡事不宜苟且，而于饮食尤甚。厨者，皆小人下材，一日不加赏罚，则一日必生怠玩。火齐未到而姑且下咽，则明日之菜必更加生。真味已失而含忍不言，则下次之羹必加草率。且又不止空赏空罚而已也。其佳者，必指示其所以能佳之由；其劣者，必寻求其所以致劣之故。咸淡必适其中，不可丝毫加减，久暂必得其当，不可任意登盘。厨者偷安，吃者随便，皆饮食之大弊。审问慎思明辨，为学之方也；随时指点，教学相长，作师之道也。于味何独不然？

【简评】

袁枚曾给家厨王小余作传，因为"思其言，有可治民者焉，有可治文者焉"（《厨者王小余传》）。精通烹饪，以至于摸到了这个世界运行的规律。对于寻常的厨师，袁枚还是认为低人一等。我们现在当然要抛弃这种尊卑等级思想。不过，这篇提出有效管理，必须赏罚分明。对美食的批评鉴赏，也能提高烹饪水平。

金
陵
名
菜

鳆　鱼①

　　鳆鱼炒薄片甚佳，杨中丞②家削片入鸡汤豆腐中，号称"鳆鱼豆腐"；上加陈糟油浇之。庄太守③用大块鳆鱼

---

①　鳆鱼，鲍鱼。
②　中丞，明清时对巡抚的称呼。
③　庄以舫，曾任金陵知府。

煨整鸭，亦别有风趣。但其性坚，终不能齿决。火煨三日，才拆得碎。

【简评】

鲍鱼豆腐，简单易学。鲍鱼削薄片备用，在油锅里下豆腐块煸炒，放鸡汤，下鲍鱼，最后淋点陈糟油去腥提味。鲍鱼鲜香，豆腐入味。

鲍鱼老鸭汤则是地道南京菜。选取老雄鸭（"烂蒸老雄鸭，功效比参芪"），干鲍。因为鲜鲍烹饪略久就变硬，而干鲍却需要两三天的炖煮才会变软。老鸭的油渗入鲍鱼，黏软弹滑，肥美多汁，鲜不可言。而光是想象厨子守着一个小炉，用文火细细炖上三日，那份对食物的慎重和精心也让人动容、肃然起敬。

鸭糊涂

用肥鸭白煮八分熟，冷定去骨，拆成天然不方不圆之块，下原汤内煨，加盐三钱①、酒半斤、捶碎山药同下

---

① 一两等于十钱。

锅作纤，临煨烂时，再加姜末、香蕈①、葱花。如要浓汤，加放粉纤。以芋代山药亦妙。

【简评】

袁枚与"扬州八怪"之一的郑板桥，在扬州卢雅雨宴席上相识，相见恨晚，郑板桥夸他："室藏美妇邻夸艳，君有奇才我不贫。"（《赠袁枚》）

鸭糊涂据说就是因袁枚得名：袁枚晚年独坐斋中，看到郑板桥书"难得糊涂"，灵机一动，把这道似羹非羹，似汤非汤的菜，命名为鸭糊涂。（黄辰璐《〈随园〉"鸭糊涂"菜名小考》）从做法来看，鸭肉山药俱化，酥烂鲜香，菜名糊涂，味不糊涂。

挂卤鸭

塞葱鸭腹，盖闷而烧。水西门②许店最精。家中不能作。有黄黑二色，黄者更妙。

---

① 蕈，音 xùn，香蕈，香菇。
② 南京明城墙十三座内城门之一，临秦淮河。

【简评】

　　秦淮河一带，六朝以来就繁华。乌衣巷口，朱雀桥边，都是世家大族的居所。南京人吃鸭的传统，可追溯到六朝（见《陈书》）。

　　宋代，江南贡院兴建，明清时达到鼎盛。一河之隔，便出了惊才绝艳，却存风骨的"秦淮八艳"。文酒风流之地，自然商肆林立。明仇英绘《南都繁会景物图卷》，反映秦淮河两岸风貌，能清楚看到"鸡鸭店"。

　　"江宁板鸭最肥，天下闻名。"（清人童岳荐《调鼎集》）南京人能把一只鸭做成全鸭宴，"切炒鸭丝、薰鸭心肝、烩鸭掌、鸭舌、鸭腰之味尤佳，至鸭脯，烹调有法，最后取鸭骨作汤"（卢前《冶城话旧》）。

　　这家水西门许店卖的卤鸭，当时就很出名，可家里学不来，应是老卤秘制。

刀鱼二法

　　刀鱼用蜜酒酿、清酱，放盘中，如鲥鱼法蒸之最佳。不必加水。如嫌刺多，则将极快刀刮取鱼片，用钳抽去其刺。用火腿汤、鸡汤、笋汤煨之，鲜妙绝伦。金陵人畏其多刺，竟油炙极枯，然后煎之。谚曰："驼背夹直，其人不活。"此之谓也。或用快刀将鱼背斜切之，使碎骨尽断，再下锅煎黄，加作料，临食时竟不知有骨：芜湖陶大太法也。

【简评】

清明前吃刀鱼，这是老南京人惦念的口福。明顾起元《客座赘语》记载刀鱼为南京"珍物"。

刀鱼清蒸，风味最佳。长江里捞上来的最新鲜刀鱼，洗净后加一点酱油、酒酿，蒸出来就鲜美无比。李渔也说："食鲥鱼及鲟鳇有厌时，鳊则愈嚼愈甘，至果腹而犹不能释手者也。"（《闲情偶寄·饮撰部》）现在的老饕们，恐怕只有美慕妒忌恨了。

如嫌刺多，可快刀削片后慢慢去刺，再用火腿、鸡、笋汤煨。这里袁枚对金陵人油煎刀鱼的批判，会不会让南京人民感受到"一万点伤害"？其实大可不必。因为在袁枚眼里，古往今来懂吃会吃的也没几个。

鲥 鱼

鲥鱼用蜜酒蒸食，如治刀鱼之法便佳。或竟用油煎，加清酱、酒酿亦佳。万不可切成碎块加鸡汤煮，或去其背，专取肚皮，则真味全失矣。

【简评】

《客座赘语》将鲥鱼列为南京"珍物"。乾隆本《江南通志》卷八十六"江宁府物产"说鲥鱼："出扬子江心。"其实从明万历年间起鲥鱼就是贡品，但南京人仍可尝鲜，清代曹寅有咏《鲥鱼》(《楝亭诗抄》卷七)："寻常家食随时节，多半含桃注颊红。"说鲥鱼是家常菜可能有些夸张，但每年将头潮鲥鱼进贡后，享用"樱桃红"鲥鱼也是达官贵人们孜孜以求的味蕾享受。

袁枚说："鱼皆去鳞，惟鲥鱼不去。"煮后，鳞下丰富的油脂会让鲥鱼的口感更绵密。鲥鱼清蒸最佳，油煎也可。不可不知的是，鱼肥嫩在肚，鲜美却在背。

火腿煨肉

火腿切方块，冷水滚三次，去汤沥干；将肉切方块，冷水滚二次，去汤沥干；放清水煨，加酒四两，葱、椒、笋、香蕈。

【简评】

这道火腿煨肉，换个名很多人会恍然大悟，那就是"腌笃鲜"。据传是胡雪岩用来招待左宗棠从而声名鹊起。原来袁枚早就尝过并记下这个方子。

火腿滚三次，去咸；肉滚两次，去腥；与笋同煨。火腿的咸香，肉的酥烂，笋的鲜脆，融成一锅汤白浓鲜的汤，是最勾人的江南节令美味。

尹文端公①家风肉

杀猪一口，斩成八块，每块炒盐四钱，细细揉擦，

---

① 尹继善，谥文端，曾任两江总督，在江南三十年，深得民心。乾隆皇帝评价他和鄂尔泰是百年来满洲科目中的真知学者。

使之无微不到。然后高挂有风无日处。偶有虫蚀，以香油涂之。夏日取用，先放水中泡一宵，再煮，水亦不可太多太少，以盖肉面为度。削片时，用快刀横切，不可顺肉丝而斩也。此物惟尹府至精，常以进贡。今徐州风肉不及，亦不知何故。

【简评】

风肉，古称"千里脯"，很珍贵。这道尹府风肉，更是贡品。尹继善和袁枚性情相投，过从甚密。他虽为满人，却也是随园菜的"知音"，不止一次馈赠风肉给袁枚。风肉也成为随园的压轴大菜。（事见袁枚《答尹相国》）

黄芽菜①煨火腿

用好火腿削下外皮，去油存肉。先用鸡汤将皮煨酥，再将肉煨酥，放黄芽菜心，连根切段，约二寸许长；加蜜、酒酿及水，连煨半日。上口甘鲜，肉菜俱化，而菜根

---

① 白菜的一种。"燕京圃人以马粪入窖，雍培菘菜，令不见风日，长生苗叶，皆嫩黄色，绝美无滓，谓之黄芽菜。"（赵学敏《本草纲目拾遗》卷八"黄矮菜"条引《群芳谱》）

及菜心丝毫不散。汤亦美极。朝天宫道士法也。

【简评】

黄芽菜莹洁如玉，火腿红如胭脂，这道菜美如二八佳人。可能因为发明者是南京朝天宫的道士，所以较为清淡。唯其清淡，所以上口就是火腿的浓香，肉和菜都酥烂好吃，咸香后还有回甘，让人连汤都舍不得剩下。

捶　鸡

将整鸡捶碎，秋油、酒煮之。南京高南昌太守家制之最精。

【简评】

鸡肉切块，易柴，捶打似给鸡做按摩，再煮，又嫩又松。

烧　鹅

杭州烧鹅，为人所笑，以其生也。不如家厨自烧为妙。

烧鹅没烤好，就会皮焦里不熟。随园的烧鹅倒不错。

鲫　鱼

鲫鱼先要善买。择其扁身而带白色者，其肉嫩而松；熟后一提，肉即卸骨而下。黑脊浑身者，崛强槎枒，鱼中之喇子也，断不可食。照边鱼蒸法，最佳。其次煎吃亦妙。拆肉下可以作羹。通州人能煨之，骨尾俱酥，号"酥鱼"，利小儿食。然总不如蒸食之得真味也。六合龙池出者，愈大愈嫩，亦奇。蒸时用酒不用水，稍稍用糖以起其鲜。以鱼之小大，酌量秋油、酒之多寡。

【简评】

南京六合龙池有个美丽传说。据说乌龙为报答童养媳的搭救之恩，一扫尾就形成龙池，龙池鲫鱼则是他们的子孙。事实上，明洪武年间起，龙池鲫鱼就成为贡品了。它头小身大、背宽体厚、肉嫩味鲜，上锅蒸到"玉色"时味道最佳，也可少量加糖吊鲜，不能加水。

南通人擅煨鲫鱼汤，汤白如玉，浓香扑鼻。秘诀是鲫鱼多煎一会，再用开水煨。适合小儿或产妇催乳。

白　鱼

白鱼肉最细。用糟鲥鱼同蒸之，最佳。或冬日微腌，加酒酿糟二日，亦佳。余在江中得网起活者，用酒蒸食，美不可言。糟之最佳；不可久，久则肉木矣。

【简评】

糟白鱼，有多美味？宋仁宗想吃，但"祖宗旧制，不得取食味于四方"，皇后就想办法让宰相吕夷简的夫人"曲线救国"送来。（事见宋人邵伯温《邵氏闻见录》）糟白鱼也是袁枚所爱：借糟鲥鱼之味最美，也可以微腌后糟。

袁枚还兴致大发去长江中捕来白鱼，清蒸的滋味，美得无法形容。

鱼　松

用青鱼、鲟鱼蒸熟，将肉拆下，放油锅中灼之，黄色，加盐花、葱、椒、瓜、姜。冬日封瓶中，可以一月。

【简评】

鱼松是随园自制，也是馈赠佳品，袁枚的朋友陈寅《甲午除夕谢赐鱼松》有句云："细脍欲飞千点雪，深情如寄一枝梅。"

糟 鲞

冬日用大鲤鱼，腌而干之，入酒糟，置坛中，封口。夏日食之。不可烧酒作泡。用烧酒者，不无辣味。

【简评】

乾隆时，秦淮河盛产鲤鱼。渔人顺流捕鱼，鲤鱼占到一半。袁枚挺喜欢吃。（清徐珂《清稗类钞·饮食类》"袁子才食秦淮鲤"）吃不完的糟起来夏天吃，鱼骨酥肉烂，糟香味醇厚，可提振胃口。

瓢儿菜①

炒瓢菜心，以干鲜无汤为贵。雪压后更软。王孟亭②太守家制之最精。不加别物，宜用荤油。

【简评】

瓢儿菜，为南京特产，经霜雪后味甜鲜美。切记炒时不加水。

王孟亭虽是宝应人，却在袁枚任江宁令时应邀修《江宁志》。所以，这就是一道地道的南京菜。

马　兰

马兰头菜，摘取嫩者，醋合笋拌食。油腻后食之，可以醒脾。

---

① 由芸苔进化而来的白菜变种。

② 王箴舆，字敬倚，号孟亭，江苏宝应人。康熙五十一年（1712）进士，官卫辉知府。有《孟亭编年诗》。

"南京人不识宝，一口白米一口草。"金陵有三草：菊花脑、枸杞头、马兰头。嫩马兰头，焯水后，拌笋、醋，满口满腔都是清气。吴俗认为可明目。

杨花菜[①]

南京三月有杨花菜，柔脆与波菜相似，名甚雅。

【简评】

南京人特会吃，春三月路边摘一把杨花，就能炒做菜。柔脆嫩滑，是春天的味道。

腐干丝

将好腐干切丝极细，以虾子、秋油拌之。

---

① 杨柳初发时开的黄蕊花，非柳絮。（见《本草纲目新校注本》木部"柳"）

【简评】

即淮扬名点"烫干丝",极考验刀功、烫功。清人夏曾传《随园食单补证》说:"扬州金陵一带,茶肆中皆有之,多加以姜丝。"故列此。

大头菜①

大头菜出南京承恩寺②,愈陈愈佳。入荤菜中,最能发鲜。

【简评】

大头菜,根大如萝卜。南京人喜欢用炒盐、茴香腌制,香脆异常。(《江南通志》卷八十六)

萝 卜

萝卜取肥大者,酱一二日即吃,甜脆可爱。有侯尼

---

① 大头菜,又叫诸葛菜。芜菁的块根,为根用芥菜。
② 在今南京三山街附近。

能制为鲞，剪片如蝴蝶，长至丈许，连翩不断，亦一奇也。承恩寺有卖者，用醋为之，以陈为妙。

【简评】

南京人有个雅号，"南京大萝卜"，有人说这是对淳朴、热情气质的欣赏，也有人说这是对蠢人的嘲讽。作家叶兆言认为，这就是"六朝烟水气"，是悠闲的生活气息。

萝卜鲞，即腌萝卜干。姓侯的尼姑，能把萝卜干剪成三米多长不断，薄如蝶翼，技艺了得。承恩寺卖的醋腌萝卜，也是出名的好吃。

牛首①腐干

豆腐干以牛首僧制者为佳。但山下卖此物者有七家，惟晓堂和尚家所制方妙。

【简评】

杜牧云："南朝四百八十寺，多少楼台烟雨中。"早

---

① 指牛首山，在南京江宁区。

在梁代，牛首山就有名刹"佛窟寺"。明代定都南京后，佛教复兴。牛首山弘觉寺，有田、地、山、塘等六百多亩。（明代葛寅亮《金陵梵刹志》）赏毕"牛首烟岚"，大饱眼福之余，来几块僧人手制的豆腐干，真乃人生乐事！

松　饼

南京莲花桥，教门方店最精。

烧　饼

用松子、胡桃仁敲碎，加糖屑、脂油和面炙之，以两面煓黄为度，而加芝麻。叩儿①会做，面罗至四五次，则白如雪矣。须用两面锅，上下放火，得奶酥更佳。

【简评】

烧饼，是街头突然飘来的一抹焦香，酥脆的面皮，芝麻的爆香温暖了冬天的回家路。这里和面用松子、核

————————

① 袁枚家厨。

桃仁、糖、猪油等，最后撒芝麻，香和味都更胜一筹。

竹叶粽

取竹叶裹白糯米煮之。尖小如初生菱角。

【简评】

《随园诗话》卷六，芜湖张荳亭来江宁监考，袁枚就送他随园自裹的竹叶粽，还附了一首小诗："劝公莫负便便腹，不嚼红霞嚼绿云。"

竹叶里包裹的粽子，自有一股清气，而小小一枚，吃起来有趣又不易积食，是很多老南京人记忆中的美味。

软香糕

软香糕，以苏州都林桥①为第一。其次虎丘糕，西施

---

① 为都亭桥误读。唐陆广微《吴地记》："都亭桥，寿梦于此置都驿，招四方贤客，基址见存。"寿梦是吴王夫差祖父。

家为第二。南京南门外报恩寺①则第三矣。

芋粉团

磨芋粉晒干，和米粉用之。朝天宫道士制芋粉团，野鸡馅，极佳。

【简评】

魔芋，即今蒟蒻（音 jǔ ruò）。高纤维，低热量，饱腹感强，颇受减肥人士追捧。

白云片

白米锅巴，薄如绵纸，以油炙之，微加白糖，上口极脆。金陵人制之最精，号"白云片"。

【简评】

老土灶出的锅巴香，要薄如绵纸不易，火候尤其关

---

① 在南京中华门外。前身是东吴赤乌年间的建初寺和阿育王塔。明永乐年间重建，造九级琉璃塔，赐名大报恩寺。

键。油煎锅巴，加一点白糖，嘎嘣脆。南京人最擅长，还给它取了个文艺的名字："白云片"。

花边月饼

明府家制花边月饼，不在山东刘方伯之下。余常以轿迎其女厨来园制造，看用飞面①拌生猪油子团百搦②，才用枣肉嵌入为馅，裁如碗大，以手搦其四边菱花样。用火盆两个，上下覆而炙之。枣不去皮，取其鲜也；油不先熬，取其生也。含之上口而化，甘而不腻，松而不滞，其工夫全在搦中，愈多愈妙。

【简评】

在随园的丘山亭榭间，来一块入口即化的花边月饼，自是无上享受。好吃到袁枚忍不住一再去县令家请厨师来做。猪油和面要按揉很多下，最后才松滑。枣不去皮，则味不散。捏成菱花状，很有古意。

---

① 精白面粉。
② 搦，音 nuò，按。

道光四年增刊

隨園食單

小倉山房藏版

海
鲜
单

　　古八珍①并无海鲜之说，今世俗尚之，不得
不吾从众。作《海鲜单》。

燕　窝

　　燕窝贵物，原不轻用。如用之，每碗必须二两，先

---

　　①　八珍提法最早见于《周礼·天官》。历代"八珍"不尽相同。

用天泉滚水泡之，将银针挑去黑丝。用嫩鸡汤、好火腿汤、新蘑菇三样汤滚之，看燕窝变成玉色为度。此物至清，不可以油腻杂之；此物至文，不可以武物串之。今人用肉丝、鸡丝杂之，是吃鸡丝、肉丝，非吃燕窝也。且徒务其名，往往以三钱生燕窝盖碗面，如白发数茎，使客一撩不见，空剩粗物满碗。真乞儿卖富，反露贫相。不得已则蘑菇丝、笋尖丝、鲫鱼肚、野鸡嫩片尚可用也。余到粤东，杨明府冬瓜燕窝甚佳，以柔配柔，以清入清，重用鸡汁、蘑菇汁而已。燕窝皆作玉色，不纯白也。或打作团，或敲成面，俱属穿凿。

【简评】

元人贾铭《饮食须知》就有食用燕窝的记载，说它"味甘性平"。它是金丝燕等燕属的唾液，混合海藻、羽绒等物而成，采于悬崖绝壁，因极其难得，自古非常名贵，被认为是"滋阴润肺"的圣品。不过，科学研究表明，其主要营养价值是蛋白质、碳水化合物、微量元素、氨基酸等，并无神奇之处，"美容圣品"更多的只是心理作用。

袁枚评价燕窝："至清至文至柔。"清，指其色晶莹剔透；文，指其性温和平易；柔，指其质柔弱无骨。

同类相亲。嫩鸡汤、好火腿汤、新蘑菇汤的鲜香，可以渗进燕窝，却不改清澄本色。如果要加辅材，冬瓜是绝配，两者都既清且柔。

海参三法

海参无味之物，沙多气腥，最难讨好。然天性浓重，断不可以清汤煨也。须检小刺参，先泡去沙泥，用肉汤滚泡三次，然后以鸡、肉两汁红煨极烂。辅佐则用香蕈、木耳，以其色黑相似也。大抵明日请客，则先一日要煨，海参才烂。尝见钱观察①家，夏日用芥末、鸡汁拌冷海参丝甚佳。或切小碎丁，用笋丁、香蕈丁入鸡汤煨作羹。蒋侍郎②家用豆腐皮、鸡腿、蘑菇煨海参亦佳。

【简评】

红烧海参，要点在去泥去腥。肉汤里焯水三遍，与

---

① 观察，清代对道员的尊称。
② 蒋赐棨，字戟门，江苏常熟人。官至户部侍郎。其孙女蒋心宝是袁枚女弟子。

鸡汤、肉汤同煮加酱油，伺机放入香菇、木耳，每步都有效去腥。在经过一天的炖煮后，肉质肥厚，鲜香可口的海参就做好了。

整、丝、丁三种做法考虑周到，形、色、味俱佳值得仿效。

淡　菜①

淡菜煨肉加汤，颇鲜，取肉去心，酒炒亦可。

【简评】

这是两道菜：淡菜煨肉汤，炒淡菜。做海鲜最要紧原料新鲜，烹饪技巧较为简单，适时出锅即可。

海　蜒②

海蜒，宁波小鱼也，味同虾米，以之蒸蛋甚佳。作小菜亦可。

---

① 也叫贻贝，青口，雅号"东海夫人"。
② 蜒，音 yǎn。海蜒，又名海蜓。

乌鱼蛋①

乌鱼蛋最鲜，最难服事。须河水滚透，撇沙去臊，再加鸡汤、蘑菇煨烂。龚云若司马②家制之最精。

【简评】

汤菜对臊味的处理要求特别高。首先，乌鱼蛋要新鲜，然后焯水、漂洗，最大限度去味，但不能做老了。再用鸡汤、蘑菇煨，这时的乌鱼蛋，充分吸收了高汤的肉香、蘑菇香，也将海鲜味释放得淋漓尽致。乌鱼蛋蘑菇也相映成趣。

江瑶柱③

江瑶柱出宁波，治法与蚶、蛏同。其鲜脆在柱，故

---

① 指雌墨鱼的缠卵腺。
② 龚如璋，字孙枝，号云若。江苏江宁人。乾隆进士，官榆次知县。
③ 又作江珧柱。蚌类，其形如牛耳，制成干品即干贝。

剖壳时多弃少取。

【简评】

江瑶柱，是苏东坡心底的朱砂痣："虽龙肝凤髓有不及者。"（《苏轼全集》文集卷十三《江瑶柱传》）也是李渔的床前明月光："独'江瑶柱'未获一尝，为入闽恨事。"（《闲情偶寄·饮撰部》）足见其令人念念不忘的魅力。

鸡汤煨，鲜美无匹。

蛎　黄①

蛎黄生石子上。壳与石子胶粘不分。剥肉作羹，与蚶、蛤相似。一名鬼眼，乐清、奉化两县土产，别地所无。

【简评】

牡蛎在我国沿海分布很广，可能囿于时代，袁枚不了解。

―――――――――

①　牡蛎。

江鲜单

郭璞《江赋》鱼族甚繁。今择其常有者治之。作《江鲜单》。

黄　鱼

黄鱼切小块，酱酒郁一个时辰①。沥干。入锅爆炒两

---

① 两小时。

面黄，加金华豆豉一茶杯，甜酒一碗，秋油一小杯，同滚。候卤干色红，加糖，加瓜、姜收起，有沉浸浓郁之妙。又一法：将黄鱼拆碎入鸡汤作羹，微用甜酱水、纤粉收起之，亦佳。大抵黄鱼亦系浓厚之物，不可以清治之也。

【简评】

黄鱼味浓厚，宜红烧，今人喜整吃亦佳。观作料，美味不过酱油，糖和盐，用豆豉更香。烧汤，也须红烧才好。

班　鱼①

班鱼最嫩，剥皮去秽，分肝肉二种，以鸡汤煨之，下酒三分、水二分、秋油一分；起锅时加姜汁一大碗，葱数茎，杀去腥气。

【简评】

民间有"冒死吃河豚"的说法，为了美味罔顾安全，不值得提倡。现在巴鱼多为人工养殖，低毒。

---

① 班鱼，河豚中巴鱼。

假　蟹

　　煮黄鱼二条，取肉去骨，加生盐蛋四个，调碎，不拌入鱼肉；起油锅炮，下鸡汤滚，将盐蛋搅匀，加香蕈、葱、姜汁、酒，吃时酌用醋。

【简评】

　　古人嗜螃蟹，看来不独笠翁。笠翁每个"蟹秋"都要存钱买蟹，称"买命钱"。(《闲情偶寄·饮撰部》) 黄鱼仿蟹肉，生咸蛋仿蟹黄，这道假蟹也算个念想了。

特牲单

猪用最多，可称"广大教主"。宜古人有特豚馈食之礼。作《特牲单》。

【简评】

光一个猪，《食单》就能做出五十多道佳肴，当得起"广大教主"。

猪头二法

洗净五斤重者，用甜酒三斤；七八斤者，用甜酒五斤。先将猪头下锅同酒煮，下葱三十根、八角三钱，煮二百余滚；下秋油一大杯、糖一两，候熟后尝咸淡，再将秋油加减；添开水要漫过猪头一寸，上压重物，大火烧一炷香①；退出大火，用文火细煨，收干以腻为度；烂后即开锅盖，迟则走油。一法打木桶一个，中用铜簾隔开，将猪头洗净，加作料闷入桶中，用文火隔汤蒸之，猪头熟烂，而其腻垢悉从桶外流出亦妙。

【简评】

过年用猪头祭祀的传统，源头可以追溯到周朝的"少牢"。(《仪礼注疏》)

烧猪头重用甜酒，主要去腥，还可以让肉肥而不腻、瘦而不柴。酱油和糖，一是上色，二是形成咸鲜中略带回甘的口感。再添水，大火转文火，等到黏稠油润的时

---

① 约四十分钟。

候就赶紧收汁，否则肉味就跑了。

猪蹄四法

蹄膀一只，不用爪，白水煮烂，去汤，好酒一斤，清酱油杯半，陈皮一钱，红枣四五个，煨烂。起锅时，用葱、椒、酒泼入，去陈皮、红枣，此一法也。又一法：先用虾米煎汤代水，加酒、秋油煨之。又一法：用蹄膀一只，先煮熟，用素油灼皱其皮，再加作料红煨。有土人好先掇食其皮，号称"揭单被"。又一法：用蹄膀一个，两钵合之，加酒，加秋油，隔水蒸之，以二枝香为度，号"神仙肉"。钱观察家制最精。

【简评】

蹄膀有四种吃法：一，红烧蹄膀，先白水煮烂去汤，去油去味，再红烧，又用陈皮解腻，红枣增香；二，虾米蹄膀，带来大海的鲜味；三，"揭单被"，油炸过，肥而不腻；四，"神仙肉"，用两钵密闭隔水蒸，醇香浓厚，吃了快乐如神仙！

猪爪猪筋

专取猪爪，剔去大骨，用鸡肉汤清煨之。筋味与爪相同，可以搭配；有好腿爪，亦可搀入。

【简评】

随园菜的精致在选材讲究，最普通一道猪爪汤，也要去掉大骨，令咀嚼方便，再用鸡汤细煨，令鲜香倍增。

猪爪猪筋汤好吃，猪爪配火腿爪，那叫"金银爪尖"。(《随园食单补证》)

猪肚二法

将肚洗净，取极厚处，去上下皮，单用中心，切骰子块，滚油炮炒，加作料起锅，以极脆为佳。此北人法也。南人白水加酒，煨两枝香，以极烂为度，蘸清盐食之，亦可；或加鸡汤作料，煨烂熏切，亦佳。

【简评】

北方人炒猪肚，脆而肥美，秘诀有三：一、选猪肚最肥厚处的中心；二、切块小如骰子，易熟；三、猛火快炒，不然不脆。

南方人更擅白煮，或煨鸡汤，也鲜香。

猪肺二法

洗肺最难，以冽尽肺管血水，剔去包衣为第一着。敲之仆之，挂之倒之，抽管割膜，工夫最细。用酒水滚一日一夜。肺缩小如一片白芙蓉，浮于汤面，再加作料。上口如泥。汤西崖少宰①宴客，每碗四片，已用四肺矣。近人无此工夫，只得将肺拆碎，入鸡汤煨烂亦佳。得野鸡汤更妙，以清配清故也。用好火腿煨亦可。

【简评】

猪肺清洗麻烦，可袁枚说来却分外有趣。酒水滚一日一夜后，猪肺如一朵白芙蓉浮在水中，亭亭玉立，"下脚料"成了艺术品。

因为费工费料，退而求其次，就切块用鸡汤或好

①　汤右曾，字西崖，杭州人。康熙二十七年（1688）进士，官吏部侍郎。有《怀清堂集》。少宰，明清时吏部侍郎的别称。

火腿炖。

猪 腰

腰片炒枯则木，炒嫩则令人生疑；不如煨烂，蘸椒盐食之为佳。或加作料亦可。只宜手摘，不宜刀切。但须一日工夫，才得如泥耳。此物只宜独用，断不可搀入别菜中，最能夺味而惹腥。煨三刻则老，煨一日则嫩。

【简评】

猪腰臊味最大，中间白色筋膜必须去干净。

猪腰子略煮则老，炖一天后，细嫩如泥。今人喜爆炒腰花，亦佳。

猪里肉

猪里肉精而且嫩。人多不食。尝在扬州谢蕴山①太守席上，食而甘之。云以里肉切片，用纤粉团成小把，入

---

① 谢启昆，字蕴山，江西南康人。乾隆二十六年（1761）进士，曾官扬州知府。有《树经堂集》。

虾汤中，加香蕈、紫菜清煨，一熟便起。

【简评】

　　古人偏爱肥肉，今人喜爱的猪里脊居然不受待见。不过，这道猪里脊汤倒是扬长避短：里脊嫩，抹芡粉嫩上加嫩，配上鲜美的虾汤、香菇、紫菜，吃的就是那一口鲜嫩。

白片肉

　　须自养之猪，宰后入锅，煮到八分熟，泡在汤中，一个时辰取起。将猪身上行动之处，薄片上桌。不冷不热，以温为度。此是北人擅长之菜。南人效之，终不能佳。且零星市脯，亦难用也。寒士请客，宁用燕窝，不用白片肉，以非多不可故也。割法须用小快刀片之，以肥瘦相参，横斜碎杂为佳，与圣人"割不正不食"一语，截然相反。其猪身，肉之名目甚多。满洲"跳神肉"①最妙。

----

　　①　清代满人信奉萨满教，祭祀仪式"跳神"供奉的白煮肉。

【简评】

自家养的猪，架一口大锅煮上，在柴火噼啪和肉香中垂涎欲滴。煮八分熟后泡在汤中，余温能让肉变熟一点，而不至于过熟。这就是白片肉的最佳火候。

"猪身上行动之处"究竟指哪里？这个谜团清人《调鼎集》已解开，其中"白片肉"引用了本条，并注："忌五花肉，取后臀诸处，宜用快小刀批片（不宜切）蘸虾油、甜酱、酱油、辣椒酱之。"真正肥而不腻，瘦而不柴。

红煨肉三法

或用甜酱，或用秋油，或竟不用秋油、甜酱。每肉一斤，用盐三钱，纯酒煨之；亦有用水者，但须熬干水气。三种治法皆红如琥珀，不可加糖炒色。早起锅则黄，当可则红，过迟则红色变紫，而精肉转硬。常起锅盖，则油走而味都在油中矣。大抵割肉虽方，以烂到不见锋棱，上口而精肉俱化为妙。全以火候为主。谚云："紧火粥，慢火肉。"至哉言乎！

判断红烧肉的金标准，就是艳如琥珀。火候不到则色黄，火候过了则色黑，瘦肉变硬。

白煨肉

每肉一斤，用白水煮八分好，起出去汤；用酒半斤，盐二钱半，煨一个时辰。用原汤一半加入，滚干汤腻为度，再加葱、椒、木耳、韭菜之类。火先武后文。又一法：每肉一斤，用糖一钱，酒半斤，水一斤，清酱半茶杯；先放酒滚肉一、二十次，加茴香一钱，加水闷烂，亦佳。

油灼肉

用硬短勒切方块，去筋襻，酒酱郁过，入滚油中炮炙之，使肥者不腻，精者肉松。将起锅时，加葱、蒜，微加醋喷之。

干锅蒸肉

用小磁钵，将肉切方块，加甜酒、秋油，装大钵内封口，放锅内，下用文火干蒸之。以两枝香为度，不用水。秋油与酒之多寡，相肉而行，以盖满肉面为度。

【简评】

这是钱观察家"神仙肉"（蹄膀）的猪肉版。因保留原汁原味，故回味无穷。

盖碗装肉

放手炉上，法与前同。

磁坛装肉

放砻①糠中慢煨。法与前同。总须封口。

---

① 砻，音 lóng，稻壳。

脱沙肉

去皮切碎，每一斤用鸡子三个，青黄俱用，调和拌肉；再斩碎，入秋油半酒杯，葱末拌匀，用网油①一张裹之；外再用菜油四两，煎两面，起出去油；用好酒一茶杯，清酱半酒杯，闷透，提起切片；肉之面上，加韭菜、香蕈、笋丁。

【简评】

网油炸的食材，有撩人的异香。炸后加调料煮，更是浓郁入味。切片后加韭菜、香菇和笋丁，滋味如花苞层层打开，丰富而浓厚。

晒干肉

切薄片精肉，晒烈日中，以干为度。用陈大头菜，夹片干炒。

---

① 指猪的肠系膜，呈网状的油脂。

腌后的大头菜脆嫩爽口，配上瘦肉，色泽和谐，滋味浓郁，很是下饭。

台鲞煨肉

法与火腿煨肉同。鲞易烂，须先煨肉至八分，再加鲞；凉之则号"鲞冻"。绍兴人菜也。鲞不佳者，不必用。

【简评】

吴王阖闾东征入海，粮草不继，靠吃鱼度过危机。回来后想念，命名为"鲞"。（《吴地记》"石首鱼"）鲞是海中最鲜者。鲞烧肉，鱼干有肉的油润，肉有鱼干的咸香。这道菜鲜不可言。

鲞冻，是胶原蛋白作用形成的美味，咸香滑嫩。

粉蒸肉

用精肥参半之肉，炒米粉黄色，拌面酱蒸之，下用白菜作垫，熟时不但肉美，菜亦美。以不见水，故味独全。江西人菜也。

【简评】

"蒸"，是粉蒸肉的精髓，滋味完全保留。炒米粉，拌面酱裹上，不但色泽好看，还共同形成香糯、入口即化的口感。

白菜做"肉边菜"也特别美味。

熏煨肉

先用秋油、酒将肉煨好，带汁上木屑，略熏之，不可太久，使干湿参半，香嫩异常。吴小谷①广文②家制之精极。

【简评】

"熏肉"可算红烧肉的升级版。在煨好后，用松柏木

---

① 吴玉墀，字小谷，杭州人。乾隆三十五年（1770）举人。有《味乳亭集》。

② 明清时称儒学教官为广文。吴小谷曾官太平县教谕，故称广文。

或荔枝壳等熏制。至于熏制时长与火候，可是大厨的不传之秘。所以袁枚也只是说："不可太久。"熏好的肉泛着红润的油光，带着独特的木香，余味悠长。

芙蓉肉

精肉一斤，切片，清酱拖过，风干一个时辰。用大虾肉四十个，猪油二两，切骰子大，将虾肉放在猪肉上。一只虾，一块肉，敲扁，将滚水煮熟撩起。熬菜油半斤，将肉片放在有眼铜勺内，将滚油灌熟。再用秋油半酒杯，酒一杯，鸡汤一茶杯，熬滚，浇肉片上，加蒸粉、葱、椒糁上起锅。

【简评】

菜名特美，也很精致的一道菜。虾肉加少许猪油放肉片上敲扁再烹制，经焯水、油炸、调味勾芡就可出锅。虾肉粉白嫩滑如芙蓉，猪肉香浓，配上鲜汤，美味挡不住。

荔枝肉

用肉切大骨牌片，放白水煮二、三十滚，撩起；熬菜油半斤，将肉放入炮透，撩起，用冷水一激，肉皱，撩起；放入锅内，用酒半斤，清酱一小杯，水半斤，煮烂。

【简评】

炸后肉皱，名曰"荔枝肉"，亦名"走油肉"。《调鼎集》补充切十字花刀再油炸的方法，今人多用。

八宝肉

用肉一斤，精肥各半，白煮一二十滚，切柳叶片。小淡菜二两，鹰爪①二两，香蕈一两，花海蜇二两，胡桃肉四个去皮，笋片四两，好火腿二两，麻油一两。将肉入锅，秋油、酒煨至五分熟，再加余物，海蜇下在最后。

【简评】

茶叶入菜古已有之。唐顾况《茶赋》就说茶可以"滋饭蔬之精素，攻肉食之膻腻"（《全唐文》卷五百二十八）。

---

① 指嫩小茶芽。

这道八宝肉，猪肉香，淡菜、海蜇鲜，火腿提味，笋脆嫩，茶叶解腻，香菇、核桃增香，滋味和合如奏美乐。

菜花头煨肉

用台心菜①嫩蕊微腌，晒干用之。

炒肉丝

切细丝，去筋襻、皮、骨，用清酱、酒郁片时，用菜油熬起白烟变青烟后，下肉炒匀，不停手，加蒸粉，醋一滴，糖一撮，葱白、韭蒜之类；只炒半斤，大火，不用水。又一法：用油泡后，用酱水，加酒略煨，起锅红色，加韭菜尤香。

【简评】

炒肉丝要火大肉少，与韭蒜浓者配浓，甚香。

---

① 又名台菜，云苔，油菜，寒菜，胡菜。因"易起苔"得名。（见李时珍撰，刘衡如、刘山永校注《本草纲目新校注本》菜部"芸苔"）

炒肉片

将肉精肥各半切成薄片，清酱拌之。入锅油炒，闻响即加酱、水、葱、瓜、冬笋、韭芽，起锅火要猛烈。

八宝肉圆

猪肉精、肥各半，斩成细酱，用松仁、香蕈、笋尖、荸荠、瓜姜之类斩成细酱，加纤粉和捏成团，放入盘中，加甜酒、秋油蒸之。入口松脆。家致华①云："肉圆宜切不宜斩。"必别有所见。

【简评】

肉圆至今还是江苏多地宴席必备佳肴。这道八宝肉圆，选料精：猪肉之肥嫩，松仁之清香，香菇之香浓，笋尖之鲜脆，荸荠之嫩脆，互相烘托，松脆鲜香，雅俗共赏。

---

① 即袁致华，"家"指本家。是袁枚侄儿，曾任盐运司下的淮南分司，为管理盐务的官员。

空心肉圆

　　将肉捶碎郁过，用冻猪油一小团作馅子，放在团内蒸之，则油流去，而团子空心矣。此法镇江人最善。

锅烧肉

　　煮熟不去皮，放麻油灼过，切块加盐，或蘸清酱亦可。

酱　肉

　　先微腌，用面酱酱之，或单用秋油拌郁，风干。

糟　肉

　　先微腌，再加米糟。

暴腌肉

微盐擦揉，三日内即用。以上三味，皆冬月菜也。春夏不宜。

家乡肉

杭州家乡肉，好丑不同。有上、中、下三等。大概淡而能鲜，精肉可横咬者为上品。放久即是好火腿。

笋煨火肉

冬笋切方块，火肉切方块，同煨。火腿撤去盐水两遍，再入冰糖煨烂。席武山①别驾云：凡火肉煮好后，若留作次日吃者，须留原汤，待次日将火肉投入汤中滚热才好。若干放离汤，则风燥而肉枯；用白水则又味淡。

---

① 席武山，即席绍葆，又名葆，字武山，号东周，苏州东山人。乾隆四十四年（1779）任江南河库道道员。

烧小猪

　　小猪一个，六七斤重者，钳毛去秽，叉上炭火炙之。要四面齐到，以深黄色为度。皮上慢慢以奶酥油涂之，屡涂屡炙。食时酥为上，脆次之，硬斯下矣。旗人有单用酒、秋油蒸者，亦惟吾家龙文弟，颇得其法。

【简评】

　　这道烤乳猪，可追溯到古"八珍"之一的"炮豚"（《周礼·天官》），也是满汉全席的大菜。

　　烤制的方法说来简单，就是先烤内再烤皮，每个部位均匀受热，边涂油边烤，可火候很难掌握，烤的最好的是色如琥珀、外酥里嫩，表皮脆的属一般，硬则失败。

烧猪肉

　　凡烧猪肉，须耐性。先炙里面肉，使油膏走入皮内，则皮松脆而味不走。若先炙皮，则肉上之油尽落火上，皮既焦硬，味亦不佳。烧小猪亦然。

排　骨

取勒条排骨精肥各半者，抽去当中直骨，以葱代之，炙用醋、酱频频刷上，不可太枯。

罗簧肉

以作鸡松法作之。存盖面之皮。将皮下精肉斩成碎团，加作料烹熟。聂厨能之。

【简评】

据"鸡松"条，做法是先将瘦肉切碎炮透，放钵头里，加作料、一碗水上蒸笼，巧妙的是用肉皮盖上面，不为吃，只是让瘦肉充分吸收油脂。

端州三种肉

一罗簧肉。一锅烧白肉，不加作料，以芝麻、盐拌之；切片煨好，以清酱拌之。三种俱宜于家常。端州聂、李二厨所作。特令杨二学之。

【简评】

袁枚出门游历，除了人家主动相请，自己也带厨师。家厨现学现用，所以说随园菜汇聚南北，博采众长。

三种肉，一是"烧白肉"，一是上条"罗簑肉"，故另一要么遗漏，要么就是再上条"排骨"。

杨公圆

杨明府作肉圆，大如茶杯，细腻绝伦。汤尤鲜洁，入口如酥。大概去筋去节，斩之极细，肥瘦各半，用纤合匀。

【简评】

纯肉圆，美在细腻。

蜜火腿

取好火腿，连皮切大方块，用蜜酒煨极烂，最佳。

但火腿好丑、高低，判若天渊。虽出金华、兰溪、义乌三处，而有名无实者多。其不佳者，反不如腌肉矣。惟杭州忠清里王三房家，四钱一斤者佳。余在尹文端公苏州公馆吃过一次，其香隔户便至，甘鲜异常。此后不能再遇此尤物矣。

【简评】

好火腿，是惊才绝艳的。尹继善家在苏州招待的蜜火腿，蜂蜜让火腿的咸香登峰造极，让袁枚念念不忘多年。好火腿，也是可遇不可求。在下一个好火腿出现之前，袁枚选择宁缺毋滥。因为不将就，所以这记忆永远鲜活。美味、温暖和爱，构成了我们每个人独特的、终身难忘的美味开关。

杂牲单

牛、羊、鹿三牲，非南人家常时有之之物。然制法不可不知。作《杂牲单》。

牛　肉

买牛肉法，先下各铺定钱，凑取腿筋夹肉处，不精不肥。然后带回家中，剔去皮膜，用三分酒、二分水清煨，极烂；再加秋油收汤。此太牢①独味孤行者也，不可加别物配搭。

【简评】

这道是红烧牛腱子肉。牛肉易膻，只宜独用。要尽火力，炖极烂。

牛　舌

牛舌最佳。去皮、撕膜、切片，入肉中同煨。亦有冬腌风干者，隔年食之，极似好火腿。

【简评】

牛最好吃的部位在舌，活肉也。与牛肉同煨，鲜嫩多汁，细腻又浓郁的滋味，像在舌尖掀起一场风暴。袁枚是没好火腿宁吃咸肉，可是，他说风干牛舌滋味极像好火腿，隔着两百多年时光，似乎还能感受那份如获至宝的欣喜呢！

---

①　古代祭祀牛、羊、猪三牲齐备为"太牢"。亦有专指牛为太牢者。

羊　头

羊头毛要去净；如去不净，用火烧之。洗净切开，煮烂去骨。其口内老皮俱要去净。将眼睛切成二块，去黑皮，眼珠不用，切成碎丁。取老肥母鸡汤煮之，加香蕈、笋丁，甜酒四两，秋油一杯。如吃辣，用小胡椒十二颗、葱花十二段；如吃酸，用好米醋一杯。

羊　蹄

煨羊蹄照煨猪蹄法，分红、白二色。大抵用清酱者红，用盐者白。山药配之宜。

【简评】

满满的胶原蛋白，美容神器！

羊　羹

取熟羊肉斩小块，如骰子大。鸡汤煨，加笋丁、香蕈丁、山药丁同煨。

【简评】

羊羹是北人菜，不过到了江南，金戈铁马也变成管弦丝竹，配料从葱蒜、辛香料变成鸡汤、笋丁、香菇丁、山药丁这些，滋味也从粗犷变得细腻起来。

羊肚羹

将羊肚洗净，煮烂切丝，用本汤煨之。加胡椒、醋俱可。北人炒法，南人不能如其脆。钱㻮沙①方伯②家锅烧羊肉极佳，将求其法。

【简评】

羊肚汤特鲜，汤色奶白浓郁，味道绵滑浓稠，补虚健胃，也是冬日最宜的汤品之一。

---

① 钱琦，号㻮（yú）沙。杭州人。乾隆二年（1737）进士，有《澄碧斋诗钞》。

② 方伯，殷周时指一方诸侯之长，后泛指地方长官。明清之布政使均称"方伯"。钱㻮沙曾官福建布政使，故称方伯。

红煨羊肉

与红煨猪肉同。加刺眼核桃，放入去膻。亦古法也。

炒羊肉丝

与炒猪肉丝同。可以用纤，愈细愈佳。葱丝拌之。

烧羊肉

羊肉切大块，重五七斤者，铁叉火上烧之。味果甘脆，宜惹宋仁宗夜半之思也。

【简评】

《宋史·仁宗本纪》记载宋仁宗"宫中夜饥，思膳烧羊"。虽然是为了说明他的"不忍"之心，但让明君都差点破功的烤羊，美味可想而知。而烤羊做法看似简单，全在手上工夫。

全 羊

全羊法有七十二种；可吃者不过十八九种而已。此屠龙之技①，家厨难学。一盘一碗虽全是羊肉，而味各不同才好。

假牛乳

用鸡蛋清拌蜜酒酿，打掇入化，上锅蒸之。以嫩腻为主。火候迟便老，蛋清太多亦老。

---

① 出《庄子·列御寇》："三年技成而无所用其巧。"形容技艺高超但不实用。

光緒壬辰年陽月

隨園食單

張元方書

羽族单

鸡功最巨，诸菜赖之。如善人积阴德而人不知。故令领羽族之首，而以他禽附之。作《羽族单》。

【简评】

古代没有味精，提鲜要靠高汤，主要用的就是熬得香浓的鸡汤，在《食单》中运用也很广泛。

白片鸡

肥鸡白片，自是太羹^①、玄酒^②之味。尤宜于下乡村、入旅店，烹饪不及之时，最为省便。煮时水不可多。

【简评】

白斩鸡，是最亲民的美食。方便快捷，且鲜嫩可口，就怕淡而无味，所以水不能多。

鸡　松

肥鸡一只，用两腿，去筋骨剁碎，不可伤皮。用鸡蛋清、粉纤、松子肉，同剁成块。如腿不敷用，添脯子肉，切成方块，用香油灼黄，起放钵头内，加百花酒半斤、秋油一大杯、鸡油一铁勺，加冬笋、香蕈、姜、葱等。将所余鸡骨皮盖面，加水一大碗，下蒸笼蒸透，临吃去之。

---

① 太羹，不加五味的肉汤。
② 玄酒，指水。因上古无酒，祭祀以水代酒。

【简评】

名为鸡松，实则鸡丁。取腿最嫩，胸肉亦可。勾芡愈嫩，煸炒奇香，炖食入味，冬笋取鲜，香菇增香，最见心思的是取鸡骨皮油、味之法，让原本不易入味的鸡丁滋味浓厚，很妙。

生炮鸡

小雏鸡斩小方块，秋油、酒拌，临吃时拿起，放滚油内灼之，起锅又灼，连灼三回，盛起，用醋、酒、粉纤、葱花喷之。

【简评】

炸鸡法：先用中低温油炸熟，后大火快速将表皮炸酥脆，将内油逼出，有外酥里嫩之妙。

鸡　粥

肥母鸡一只，用刀将两脯肉去皮细刮，或用刨刀亦可；只可刮刨，不可斩，斩之便不腻矣。再用余鸡熬汤下之。吃时加细米粉、火腿屑、松子肉，共敲碎放汤内。起锅时放葱姜，浇鸡油，或去渣，或存渣，俱可。宜于老人。大概斩碎者去渣，刮刨者不去渣。

【简评】

刮刨出来的鸡丝嫩滑，而斩鸡块，肉是柴的。原汤煮鲜香，用细米粉所以成粥，易消化。火腿和松子碎，则是秘密武器了。

焦　鸡

肥母鸡洗净，整下锅煮。用猪油四两、茴香四个，煮成八分熟，再拿香油灼黄，还下原汤熬浓，用秋油、酒、整葱收起。临上片碎，并将原卤浇之，或拌蘸亦可。此杨中丞家法也。方辅①兄家亦好。

――――――

① 方辅，字密庵，君任，安徽歙县人。乾隆时以善书名。有《隶八分辨》。

炒鸡片

用鸡脯肉去皮，斩成薄片。用豆粉、麻油、秋油拌之，纤粉调之，鸡蛋清拌。临下锅加酱、瓜、姜、葱花末。须用极旺之火炒。一盘不过四两，火气才透。

【简评】

鸡片要鲜嫩，不光选择的肉要嫩（鸡胸），片得薄，炒得少，还要勾芡，大火快炒，迟则肉老。

蒸小鸡

用小嫩鸡雏，整放盘中，上加秋油、甜酒、香蕈、笋尖，饭锅上蒸之。

酱　鸡

生鸡一只，用清酱浸一昼夜而风干之。此三冬菜也。

鸡　丁

取鸡脯子切骰子小块，入滚油炮炒之，用秋油、酒收起；加荸荠丁、笋丁、香蕈丁拌之；汤以黑色为佳。

鸡　圆

斩鸡脯子肉为团，如酒杯大，鲜嫩如虾团。扬州臧八太爷家制之最精。法用猪油、萝卜、纤粉揉成，不可放馅。

【简评】

扬州人把做"狮子头"的绝技用在鸡肉上，竟鲜嫩如虾。鸡肉虽嫩，但要做出虾团的柔腻，猪油、萝卜、芡粉居功甚伟。

蘑菇煨鸡

口蘑菇四两，开水泡去沙，用冷水漂，牙刷擦，再用清水漂四次，用菜油二两炮透，加酒喷。将鸡斩块放锅内，滚去沫，下甜酒、清酱，煨八分功程，下蘑菇，再煨二分功程，加笋、葱、椒起锅，不用水，加冰糖三钱。

【简评】

在清洗蘑菇时用到了牙刷，说"古人不刷牙"其实是巨大误解，现在已发现唐代出土的牙刷，当时是骨头作柄，鬃毛作刷。宋代已发明纯中药牙膏。

蘑菇清洗比较复杂：开水泡去泥沙，也是去土腥味。再用牙刷细细刷、漂。今人用丝瓜络、盐清洗亦可。这道菜的重点是不加水，重用甜酒，小火慢炖，汤汁浓郁，鸡肉鲜得不得了。

梨炒鸡

取雏鸡胸肉切片，先用猪油三两熬熟，炒三四次，加麻油一瓢，纤粉、盐花、姜汁、花椒末各一茶匙，再加雪梨薄片，香蕈小块，炒三四次起锅，盛五寸盘。

【简评】

鸡胸肉用猪油炒，香滑异常。雪梨润肺清心，煮后酸甜可口。花椒末可散寒。所以，这是一道特别适合受寒咳嗽者的秋季时令菜。

假野鸡卷

将脯子斩碎，用鸡子一个，调清酱郁之，将网油画碎，分包小包，油里炮透，再加清酱、酒作料，香蕈、木耳起锅，加糖一撮。

黄芽菜炒鸡

将鸡切块，起油锅生炒透，酒滚二三十次，加秋油后滚二三十次，下水滚，将菜切块，俟鸡有七分熟，将菜下锅；再滚三分，加糖、葱、大料。其菜要另滚熟搀用。每一只用油四两。

栗子炒鸡

鸡斩块，用菜油二两炮，加酒一饭碗，秋油一小杯，水一饭碗，煨七分熟；先将栗子煮熟，同笋下之，再煨三分起锅，下糖一撮。

【简评】

栗子炒鸡，适合秋冬食用，可健脾补肾。袁枚说栗子煮烂，有松子香。所以，栗子先煮熟再在鸡肉七分熟时下，栗子的香糯配上鸡肉的嫩滑，尝来是满满的幸福感。

灼八块

嫩鸡一只，斩八块，滚油炮透，去油，加清酱一杯、酒半斤，煨熟便起。不用水，用武火。

【简评】

这道"灼八块"，又名"煤八件鸡"，曾是乾隆御膳（见吴正格《袁枚与炸八块》），因做法简单，很容易登上百姓餐桌。

珍珠团

熟鸡脯子，切黄豆大块，清酱、酒拌匀，用干面滚满，入锅炒。炒用素油。

【简评】

这道菜是肉食爱好者的福音。它表面是粉圆，一口咬下却是鸡胸肉，外黏里嫩，咸香适口，形似珍珠，非常可爱。

黄芪蒸鸡治瘵①

取童鸡未曾生蛋者杀之，不见水，取出肚脏，塞黄芪一两，架箸放锅内蒸之，四面封口，熟时取出。卤浓而鲜，可疗弱症。

【简评】

古人说的弱症，是先天禀受不足，需后天悉心调养。黄芪补气、健脾、固表，可以提振精神。据说胡适中年以后常感疲劳，名医指点他泡黄芪水，讲课便精神很好，声音洪亮。这道黄芪蒸鸡，也有很好的补益功效。

---

① 瘵，音 zhài，多指痨病。

卤　鸡

囫囵鸡一只，肚内塞葱三十条，茴香二钱，用酒一斤，秋油一小杯半，先滚一枝香，加水一斤，脂油二两，一齐同煨；待鸡熟，取出脂油。水要用熟水，收浓卤一饭碗，才取起；或拆碎，或薄刀片之，仍以原卤拌食。

【简评】

现在卤味动辄以几十味秘制调料自夸，可这卤鸡都是寻常调料，只多加葱，茴香。越简单，越醇厚。

蒋　鸡

童子鸡一只，用盐四钱、酱油一匙、老酒半茶杯、姜三大片，放砂锅内，隔水蒸烂，去骨，不用水：蒋御史①家法也。

---

① 蒋和宁，字用庵，榕庵，江苏常州人。乾隆十七年（1752）进士。曾官湖广道监察御史，故称蒋御史。

【简评】

暑热伤津，童子鸡能温中益气，又嫩又香。

唐 鸡

鸡一只，或二斤，或三斤。如用二斤者，用酒一饭碗，水三饭碗；用三斤者，酌添。先将鸡切块，用菜油二两，候滚熟，爆鸡要透。先用酒滚一二十滚，再下水约二三百滚，用秋油一酒杯。起锅时加白糖一钱：唐静涵①家法也。

【简评】

苏州人嗜甜，烧鸡块要"甜出头，咸收口"，就很讨喜。

---

① 唐静涵，苏州人。袁枚《随园诗话》卷七云："予过苏州，常寓曹家巷唐静涵家。……静涵有姬人王氏，美而贤，每闻余至，必手自烹饪。"袁枚《小仓山房诗集》卷二十五《留别苏州主人唐静涵》有句云："商量小食先呈谱，历乱飞棋更斗瓜。"又《哭唐静涵十二首》其六云："护世城中美膳难，多君亲手制盘餐。晨凫北雁商量处，忙杀何曾旧食单。"

鸡　肝

用酒、醋喷炒，以嫩为贵。

鸡　血

取鸡血为条，加鸡汤、酱、醋、索粉①作羹，宜于
老人。

鸡　丝

拆鸡为丝，秋油、芥末、醋拌之。此杭州菜也。加笋
加芹俱可。用笋丝、秋油、酒炒之亦可。拌者用熟鸡，炒
者用生鸡。

【简评】

宋人陶毂《清异录》记载隋朝谢枫的《食经》中就

---

① 即粉丝。

有一道"剔缕鸡"，即鸡丝，袁枚介绍的两种做法，无论是拌，还是炒，都清淡鲜美，是典型的杭帮菜。

糟 鸡

糟鸡法与糟肉同。

鸡 肾

取鸡肾三十个，煮微熟，去皮，用鸡汤加作料煨之。鲜嫩绝伦。

鸡 蛋

鸡蛋去壳放碗中，将竹箸打一千回蒸之，绝嫩。凡蛋一煮而老，一千煮而反嫩。加茶叶煮者，以两炷香为度。蛋一百，用盐一两；五十，用盐五钱。加酱煨亦可。其他则或煎或炒俱可。斩碎黄雀蒸之，亦佳。

【简评】

鸡蛋打一千回，原本稀松平常的事也变得"仪式感"

十足，嫩绝的味道给人惊喜，也有投入的美妙。

茶叶蛋，酱煨蛋，煎蛋，炒蛋，都各有风味。

赤炖肉鸡

赤炖肉鸡，洗切净，每一斤用好酒十二两、盐二钱五分、冰糖四钱，研酌加桂皮，同入砂锅中，文炭火煨之。倘酒将干，鸡肉尚未烂，每斤酌加清开水一茶杯。

蘑菇煨鸡

鸡肉一斤，甜酒一斤，盐三钱，冰糖四钱，蘑菇用新鲜不霉者，文火煨两枝线香为度。不可用水，先煨鸡八分熟，再下蘑菇。

【简评】

前面蘑菇煨鸡用酱油，这里用盐，都强调不用水，以免精华外溢。

鸽　子

鸽子加好火腿同煨，甚佳。不用火肉亦可。

鸽　蛋

煨鸽蛋法与煨鸡肾同。或煎食亦可，加微醋亦可。

蒸　鸭

生肥鸭去骨，内用糯米一酒杯，火腿丁、大头菜丁、香蕈、笋丁、秋油、酒、小磨麻油、葱花，俱灌鸭肚内，外用鸡汤放盘中，隔水蒸透：此真定魏太守家法也。

【简评】

肥鸭去骨，吃起来方便，里面的料"心机"十足：糯米的糯，火腿、大头菜、香菇、笋丁，都是最能发鲜之物。这还不够，外面还用鸡汤隔水蒸，真叫人垂涎欲滴。

卤 鸭

不用水用酒，煮鸭去骨，加作料食之：高要令杨公①
家法也。

鸭 脯

用肥鸭斩大方块，用酒半斤、秋油一杯、笋、香蕈、
葱花闷之，收卤起锅。

烧 鸭

用雏鸭上叉烧之。冯观察家厨最精。

---

① 杨公，即杨国霖，字兰坡，乾隆时曾任广东高要知县。袁
枚《小仓山房诗集》卷三十《兰坡招饮宝月台》有句云："主人陈几
筵，欲仿古养老。不夸五牛烹，但求一脔好。藜饫液汤经，精心苦
搜考。果然虞悰羹，竟夺雍巫巧。水引犹称佳，清丝游袅袅。惜哉
甘麸空，属餍尚嫌少。"

干蒸鸭

杭州商人何星举家干蒸鸭，将肥鸭一只，洗净斩八块，加甜酒、秋油，淹满鸭面，放磁罐中封好，置干锅中蒸之；用文炭火，不用水，临上时，其精肉皆烂如泥。以线香二枝为度。

徐　鸭

顶大鲜鸭一只，用百花酒十二两，青盐一两二钱、滚水一汤碗，冲化去渣沫，再兑冷水七饭碗，鲜姜四厚片，约重一两，同入大瓦盖钵内，将皮纸封固口，用大火笼烧透大炭吉三元（约二文一个）；外用套包一个，将火笼罩定，不可令其走气。约早点时炖起，至晚方好。速则恐其不透，味便不佳矣。其炭吉烧透后，不宜更换瓦钵，亦不宜预先开看。鸭破开时，将清水洗后，用洁净无浆布拭干入钵。

【简评】

本菜精髓在于密封好，用文火炖上一天。鸭子酥烂鲜香。

云林①鹅

　　《倪云林集》中载制鹅法。整鹅一只，洗净后用盐三钱擦其腹内，塞葱一帚填实其中，外将蜜拌酒通身满涂之，锅中一大碗酒、一大碗水蒸之，用竹箸架之，不使鹅身近水。灶内用山茅二束，缓缓烧尽为度。俟锅盖冷后揭开锅盖，将鹅翻身，仍将锅盖封好蒸之，再用茅柴一束烧尽为度；柴俟其自尽，不可挑拨。锅盖用绵纸糊封，逼燥裂缝，以水润之。起锅时，不但鹅烂如泥，汤亦鲜美。以此法制鸭，味美亦同。每茅柴一束，重一斤八两。擦盐时，串入葱、椒末子，以酒和匀。《云林集》中，载食品甚多，只此一法，试之颇效，余俱附会。

【简评】

　　这道"云林鹅"因袁枚而声名大噪，也是经典无锡菜。

　　鹅内擦盐等作料，外涂蜜，因无锡人嗜甜。蒸到三分之二时间，还得给鹅翻个身，最后鹅烂如泥，甜如蜜，汤也鲜！

---

　　① 倪瓒，号云林子，江苏无锡人。有《云林堂饮食制度集》等。

水族有鳞单

鱼皆去鳞，惟鲥鱼不去。我道有鳞而鱼形始全。作《水族有鳞单》。

边　鱼①

边鱼活者，加酒、秋油蒸之。玉色为度。一作呆白

---

① 边鱼：即鳊鱼。

色，则肉老而味变矣。并须盖好，不可受锅盖上之水气。临起加香蕈、笋尖。或用酒煎亦佳；用酒不用水，号"假鲫鱼"。

【简评】

玉色、呆白色，究竟是什么色？相信吃货们都可意会。

季 鱼

季鱼少骨，炒片最佳。炒者以片薄为贵。用秋油细郁后，用纤粉、蛋清搂之，入油锅炒，加作料炒之。油用素油。

【简评】

鳜鱼片嫩滑的秘诀是：片得薄、勾好芡炒。

土步鱼①

杭州以土步鱼为上品。而金陵人贱之，目为虎头蛇，

---

① 土步鱼：常附土而行，故名。又名沙鳢，塘鳢鱼。

可发一笑。肉最松嫩。煎之，煮之，蒸之俱可。加腌芥作汤，作羹，尤鲜。

【简评】

土步鱼比豆腐嫩，鲜却胜豆腐。煎，煮，蒸，无一不美。用腌菜烧汤还有"升级版"，据说宋庆龄曾以姑苏名菜"咸菜豆瓣汤"招待外宾，那"豆瓣"就是土步鱼的腮帮肉，堪称一绝，无不称奇。

鱼 圆

用白鱼、青鱼活者，剖半钉板上，用刀刮下肉，留刺在板上；将肉斩化，用豆粉、猪油拌，将手搅之；放微微盐水，不用清酱，加葱、姜汁作团，成后，放滚水中煮熟撩起，冷水养之，临吃入鸡汤、紫菜滚。

【简评】

做鱼圆可搅拌、揉捏、甩打，总之一定要上劲有黏性了，才能弹滑爽口。

【简评】

　　银鱼，轻灵曼妙，如水中仙子。煨鸡汤、火腿鲜洁，炒食则香软。蒸蛋亦妙。

台　鲞

　　台鲞好丑不一。出台州松门①者为佳，肉软而鲜肥。生时拆之，便可当作小菜，不必煮食也；用鲜肉同煨，须肉烂时放鲞，否则鲞消化不见矣，冻之即为鲞冻：绍兴人法也。

虾子勒鲞

　　夏日选白净带子勒鲞，放水中一日，泡去盐味，太阳晒干，入锅油煎一面黄取起，以一面未黄者铺上虾子，放盘中，加白糖蒸之，以一炷香为度。三伏日食之绝妙。

---

　　① 台州松门：浙江台州松门镇。

虾籽鲞鱼，是老苏州的味道。从腌制鲞鱼、浸泡、晾晒、煎，滚上虾子，加白糖蒸，不急不缓里，透着苏州菜的精致与回味。

鱼　脯

活青鱼去头尾，斩小方块，盐腌透，风干，入锅油煎；加作料收卤，再炒芝麻滚拌起锅：苏州法也。

家常煎鱼

家常煎鱼，须要耐性。将鲜鱼洗净，切块盐腌，压扁，入油中两面熯黄，多加酒、秋油，文火慢慢滚之，然后收汤作卤，使作料之味全入鱼中。第此法指鱼之不活者而言。如活者，又以速起锅为妙。

【简评】

煎草鱼块，先腌制、再炸黄，至于加酱油烧多久，全看鱼的新鲜程度来定。

黄姑鱼①

　　徽州出小鱼，长二三寸，晒干寄来。加酒剥皮，放饭锅上蒸而食之，味最鲜，号"黄姑鱼"。

――――――――――

　　①　黄姑鱼：又名黄鲴鱼，江湖中小鱼，状似白鱼，扁身细鳞。（《本草纲目新校注本》）

水族无鳞单

鱼无鳞者，其腥加倍，须加意烹饪；以姜、桂胜之。作《水族无鳞单》。

汤　鳗

鳗鱼最忌出骨。因此物性本腥重，不可过于摆布，失其天真，犹鲥鱼之不可去鳞也。清煨者，以河鳗一条，洗去滑涎，斩寸为段，入磁罐中，用酒水煨烂，下秋油起锅，加冬腌新芥菜作汤，重用葱、姜之类，以杀其腥。常熟顾比部家，用纤粉、山药干煨，亦妙。或加作料直置盘中蒸之，不用水。家致华分司蒸鳗最佳。秋油、酒四六兑，务使汤浮于本身。起笼时，尤要恰好，迟则皮皱味失。

【简评】

《黄帝内经·素问》第一篇就是《上古天真论》。苏东坡论诗说："天真烂漫是吾师。"古人倾慕"天真"，袁枚也欣赏食物的"天真"，比如做鳗鱼就不能去骨。这里介绍了三道菜：腌芥菜鳗鱼汤、山药煨鳗、蒸鳗鱼，用各种方法去腥，让鳗鱼的肥美和鲜香发挥到极致。

红煨鳗

鳗鱼用酒水煨烂，加甜酱代秋油，入锅收汤煨干，加茴香大料起锅。有三病宜戒者：一皮有皱纹，皮便不酥；一肉散碗中，箸夹不起；一早下盐豉，入口不化。扬州朱分司①家制之最精。大抵红煨者以干为贵，使卤味收入鳗肉中。

【简评】

红烧鳗鱼也是最重火候，迟则皮皱肉散。汤要收干才入味，盐、酱要晚下，才能入口即化。

炸 鳗

择鳗鱼大者，去首尾，寸断之。先用麻油炸熟，取起；另将鲜蒿菜嫩尖入锅中，仍用原油炒透，即以鳗鱼平铺菜上，加作料煨一炷香。蒿菜分量，较鱼减半。

【简评】

麻油不宜高温加热，可用其他油替代。茼蒿有蒿之清，菊之香，古称"皇帝菜"，正好解鳗鱼肥腻。

---

① 朱分司：即朱孝纯，东海（今山东郯城）人。曾官两淮盐运司，驻扬州。有《海愚诗钞》。

生炒甲鱼

将甲鱼去骨，用麻油炮炒之，加秋油一杯、鸡汁一杯。此真定魏太守家法也。

酱炒甲鱼

将甲鱼煮半熟，去骨，起油锅炮炒，加酱水、葱、椒，收汤成卤，然后起锅。此杭州法也。

带骨甲鱼

要一个半斤重者，斩四块，加脂油三两，起油锅煎两面黄，加水、秋油、酒煨；先武火，后文火，至八分熟加蒜，起锅用葱、姜、糖。甲鱼宜小不宜大。俗号"童子脚鱼"才嫩。

【简评】

甲鱼炒食一般先去骨，这童子脚鱼比较小，可连壳煎炒。鲜美嫩滑。甲鱼，以四月刚上市的菜花甲鱼为最美。

青盐甲鱼

斩四块，起油锅炮透。每甲鱼一斤，用酒四两、大茴香三钱、盐一钱半，煨至半好，下脂油二两；切小豆块再煨，加蒜头、笋尖，起时用葱、椒，或用秋油，则不用盐。此苏州唐静涵家法。甲鱼大则老，小则腥，须买其中样者。

汤煨甲鱼

将甲鱼白煮，去骨拆碎，用鸡汤、秋油、酒煨汤二碗，收至一碗，起锅，用葱、椒、姜末糁之。吴竹屿①家制之最佳。微用纤，才得汤腻。

---

① 吴泰来，号竹屿。苏州人。乾隆二十五年（1760）进士。与王鸣盛、钱大昕等被称为"吴中七子"。有《净名轩集》。

甲鱼去骨，食用方便，配上浓油赤酱，咬一口就是满足。

全壳甲鱼

山东杨参将家，制甲鱼去首尾，取肉及裙，加作料煨好，仍以原壳覆之。每宴客，一客之前以小盘献一甲鱼。见者悚然，犹虑其动。惜未传其法。

从周代开始的"分餐"，到唐宋的"合餐"，见证了贵族门阀的兴衰。清代这种合餐中某菜分餐的方式倒是沿袭至今。

这道全壳甲鱼有视觉冲击力，让人先惊后疑再喜，已是一则小故事。

鳝丝羹

鳝鱼煮半熟，划丝去骨，加酒、秋油煨之，微用纤粉，用真金菜①、冬瓜、长葱为羹。南京厨者辄制鳝为炭，殊不可解。

【简评】

小暑黄鳝赛人参。《本草纲目新校注本》鳞部"鳝鱼"记载黄鳝可除湿热、补中益血。与冬瓜、金针菜同煮，滋补又美味。

炒　鳝

拆鳝丝炒之，略焦，如炒肉鸡之法，不可用水。

段　鳝

切鳝以寸为段，照煨鳗法煨之，或先用油炙，使坚，再以冬瓜、鲜笋、香蕈作配，微用酱水，重用姜汁。

【简评】

煨鳗法煨鳝，即先用酒、水煨，后加酱或酱油，收汁

———————————

① 真金菜，又名金针菜、黄花菜。

起锅。若要清鲜，则需先煎，加素菜配料后重用姜汁去腥。

虾 圆

虾圆照鱼圆法。鸡汤煨之，干炒亦可。大概捶虾时不宜过细，恐失真味。鱼圆亦然。或竟剥虾肉以紫菜拌之，亦佳。

【简评】

虾肉紧实有弹性，这是虾之"真味"。剁烂会失去这种口感，所以不能剁太碎。虾肉拌紫菜，是鲜上加鲜。

虾 饼

以虾捶烂，团而煎之，即为虾饼。

醉 虾

带壳用酒炙黄，捞起，加清酱、米醋熨之，用碗闷之。临食放盘中，其壳俱酥。

南通、宁波、上海一带，有酒醉活虾，上桌仍满盆乱跳。清代已有。不过袁枚介绍的做法是：用酒略煮，壳发黄就起，这样既保留虾肉、壳的鲜嫩，又比生食健康。

炒　虾

炒虾照炒鱼法，可用韭配。或加冬腌芥菜，则不可用韭矣。有捶扁其尾单炒者，亦觉新异。

蟹

蟹宜独食，不宜搭配他物。最好以淡盐汤煮熟，自剥自食为妙。蒸者味虽全，而失之太淡。

【简评】

大闸蟹，蒸还是煮，历来成两派。蒸更保留原味，煮则更入味，更嫩。

"胸肉胜似白鱼，螯肉味同干贝，脚肉美如银鱼，那黄那膏，腻齿粘舌，更是味绝天下。"一只大闸蟹，俨然一席宴。白水一锅，醋一碟，就是当仁不让的主角。或高朋满座，或对月独酌，或仓促客至，无不适宜。

蟹　羹

剥蟹为羹，即用原汤煨之，不加鸡汁，独用为妙。见俗厨从中加鸭舌，或鱼翅，或海参者，徒夺其味而惹其腥恶，劣极矣！

炒蟹粉

以现剥现炒之蟹为佳。过两个时辰，则肉干而味失。

剥壳蒸蟹

将蟹剥壳，取肉、取黄，仍置壳中，放五六只在生鸡蛋上蒸之。上桌时完然一蟹，惟去爪脚。比炒蟹粉觉有新色。杨兰坡明府，以南瓜肉拌蟹，颇奇。

剥壳蟹蒸鸡蛋羹。巧妙、方便，鲜嫩。

蛤　蜊

剥蛤蜊肉，加韭菜炒之佳。或为汤亦可。起迟便枯。

蚶

蚶有三吃法。用热水喷之，半熟去盖，加酒、秋油醉之；或用鸡汤滚熟，去盖入汤；或全去其盖，作羹亦可。但宜速起，迟则肉枯。蚶出奉化县，品在蠣螯、蛤蜊之上。

蠣　螯

先将五花肉切片，用作料闷烂。将蠣螯洗净，麻油炒，仍将肉片连卤烹之。秋油要重些，方得有味。加豆腐亦可。蠣螯从扬州来，虑坏则取壳中肉，置猪油中，可以远行。有晒为干者，亦佳。入鸡汤烹之，味在蛏干之上。捶烂蝉螯作饼，如虾饼样，煎吃加作料亦佳。

【简评】

蝉螯又作车螯，昌娥，《本草纲目新校注本》有车螯。又列文蛤为花蛤，而文、花蛤其实不同。在南通，发音"车螯"的专指文蛤。文蛤又名"天下第一鲜"，与五花肉或豆腐同煮，非常鲜；单炒则饱含汁液，口感嫩滑，鲜冠群菜；作羹亦美。文蛤饼美味胜虾饼。

程泽弓蛏干

程泽弓①商人家制蛏干，用冷水泡一日，滚水煮两日，撤汤五次。一寸之干，发开有二寸，如鲜蛏一般，才入鸡汤煨之。扬州人学之，俱不能及。

【简评】

袁枚招待伍拉纳之子时，就做了蛏干烂肉、酱葱蒸鸭。（《清稗类钞·饮食类》）

---

① 程泽弓，扬州盐商。据《扬州画舫录》称，他与徐赞侯、汪令闻齐名。

蛏干色泽如鲜，肉质肥嫩，口感劲道，尤胜鲜蛏。

鲜 蛏

烹蛏法与蛼螯同。单炒亦可。何春巢①家蛏汤豆腐之妙，竟成绝品。

熏 蛋

将鸡蛋加作料煨好，微微熏干，切片放盘中，可以佐膳。

茶叶蛋

鸡蛋百个，用盐一两、粗茶叶煮两枝线香为度。如蛋五十个，只用五钱盐，照数加减。可作点心。

---

① 何承燕，字以嘉，号春巢居士。杭州人。乾隆三十九年（1774）副贡。有《春巢诗钞》等。他是袁枚友人何献葵长子。

【简评】

　　街头巷尾的茶叶蛋铺，曾慰藉多少旅人的乡愁。这古法"茶叶蛋"，只用盐、茶叶，不加酱油，味更清冽，满口生香。

岩 波 文 庫
33-262-1

随 園 食 単

袁　枚 著
青木正児訳註

西のサヴァラン，東の随園．中国は清代のこ
の食通詩人がものした"垂涎の書"に碩学が加
えた味わい深い学問的訳註．（解説＝水谷真成）

青 **262-1**

随園食単
りようりメモ
定価400円

杂素菜单

菜有荤素，犹衣有表里也。富贵之人嗜素甚于嗜荤。作《素菜单》。

蒋侍郎豆腐

豆腐两面去皮，每块切成十六片，晾干用猪油熬清烟起才下豆腐，略洒盐花一撮，翻身后，用好甜酒一茶杯，大虾米一百二十个；如无大虾米，用小虾米三百个；

先将虾米滚泡一个时辰，秋油一小杯，再滚一回，加糖一撮，再滚一回，用细葱半寸许长，一百二十段，缓缓起锅。

【简评】

豆腐据传是淮南王刘安发明的。他炼丹不成，却偶然成就了美味的豆腐。

这道菜与众不同，是蒋戟门侍郎亲自下厨做的，果然，一端出，一桌的珍馐无人问津了。袁枚想求方子，"公命向上三揖"，这位蒋戟门可是比袁枚年幼，袁大才子"不为五斗米折腰"，归隐了随园，却为一道豆腐折腰了。（《随园诗话》卷十三）

豆腐用猪油煎嫩滑，还特别能吸收虾米的鲜味，酱油、糖可提鲜，最后撒点小葱，"豆腐得味，远胜燕窝。"

杨中丞豆腐

用嫩豆腐煮去豆气，入鸡汤，同鳆鱼片滚数刻，加糟油、香蕈起锅。鸡汁须浓，鱼片要薄。

【简评】

这道菜袁枚写了两次。这里比"鳆鱼"条多了香菇。

鲍鱼片薄，则嫩，鸡汤浓，则鲜。

张恺豆腐

将虾米捣碎，入豆腐中，起油锅，加作料干炒。

庆元豆腐

将豆豉一茶杯，水泡烂，入豆腐同炒起锅。

芙蓉豆腐

用腐脑，放井水泡三次，去豆气，入鸡汤中滚，起锅时加紫菜、虾肉。

【简评】

豆腐美味，豆腥味不美，一般都是通过加热处理。豆腐脑太嫩，所以井水泡三次去豆腥气。

王太守^①八宝豆腐

用嫩片切粉碎，加香蕈屑、蘑菇屑、松子仁屑、瓜子仁屑、鸡屑、火腿屑，同入浓鸡汁中，炒滚起锅。用腐脑亦可。用瓢不用箸。孟亭太守云："此圣祖^②赐徐健庵^③尚书方也。尚书取方时，御膳房费一千两。"太守之祖楼村先生^④为尚书门生，故得之。

【简评】

这道王太守八宝豆腐，是康熙皇帝御赐食方。因出身紫禁城而雍容贵气。"八味"成"八宝"，菌（香菇、蘑菇）的鲜，种子（松子、瓜子）的香，鸡和火腿的美，都融入到豆腐的鲜嫩中，百炼钢化为绕指柔。

---

① 王太守，即王孟亭。
② 清圣祖爱新觉罗·玄烨，年号康熙。
③ 徐乾学，号健庵，官刑部尚书。江苏昆山人。
④ 王式丹，号楼村，为生员时就闻名遐迩，为徐乾学门生。五十九岁中状元。

程立万豆腐

乾隆廿三年，同金寿门①在扬州程立万家食煎豆腐，精绝无双。其腐两面黄干，无丝毫卤汁，微有蝉螯鲜味，然盘中并无蝉螯及他杂物也。次日告查宣门②，查曰："我能之！我当特请。"已而，同杭堇浦③同食于查家，则上箸大笑；乃纯是鸡雀脑为之，并非真豆腐，肥腻难耐矣。其费十倍于程，而味远不及也。惜其时余以妹丧急归，不及向程求方。程逾年亡。至今悔之。仍存其名，以俟再访。

【简评】

这道有文蛤味却不见文蛤的煎豆腐，正所谓"羚羊挂角，无迹可求。"（严羽《沧浪诗话》）袁枚赞叹"精绝无双"，可惜方子失传。而查宣门做的菜，价格贵而味道

---

① 金农，字寿门，杭州人。"扬州八怪"之首。

② 查开，字宣门，号香雨，曾官河南中牟县丞。有《吾匏亭诗集》。

③ 杭世骏，号堇浦，杭州人。乾隆元年（1736）考取博学鸿词科，授翰林院编修。有《史记考证》《道古堂集》等。

远不如，是反衬手法。

冻豆腐

将豆腐冻一夜，切方块，滚去豆味，加鸡汤汁、火腿汁、肉汁煨之。上桌时，撤去鸡火腿之类，单留香蕈、冬笋。豆腐煨久则松，面起蜂窝，如冻腐矣。故炒腐宜嫩，煨者宜老。家致华分司，用蘑菇煮豆腐，虽夏月亦照冻腐之法，甚佳。切不可加荤汤，致失清味。

【简评】

今人多于火锅吃冻豆腐。这里考究得多，鸡、火腿、肉居然从主角沦为龙套，只用来取鲜。冻豆腐的蜂窝组织，可以吸收更多的汤汁，非常鲜美。

虾油豆腐

取陈虾油，代清酱炒豆腐。须两面熯黄。油锅要热，用猪油、葱、椒。

豆腐用猪油煎微黄，甚香；加上虾油，更是异常鲜香。撒点小葱，更有恰到好处的清香令人垂涎。

蓬蒿菜

取蒿尖用油灼瘪，放鸡汤中滚之，起时加松菌①百枚。

【简评】

现在松茸被誉为"菌中之王"，珍贵而鲜美。袁枚他们煮茼蒿一撒百个，真大手笔！也因那时野生食材多，不像今天这般稀罕。

蕨　菜

用蕨菜不可爱惜，须尽去其枝叶，单取直根，洗净煨烂，再用鸡肉汤煨。必买矮弱者才肥。

---

①　即松茸，又名松蕈。长在松林，有独特的浓郁香气。

中国人吃蕨菜历史悠久，《诗经·召南·草虫》有："陟彼南山，言采其蕨。"春日蕨菜萌出的嫩芽，就像姑娘心生的爱意委婉温柔，吃一口蕨菜，能不能品尝出那份千年的相思？

葛仙米①

将米细检淘净，煮半烂，用鸡汤、火腿汤煨。临上时，要只见米，不见鸡肉、火腿搀和才佳。此物陶方伯家制之最精。

葛洪米，味道清腴，掺上鲜美的鸡汤、火腿，简直可以想见葛仙的逍遥。

---

① 湖广山洞上所产藻类，状如米粒，青色。传说葛洪修仙时吃它。（《本草纲目拾遗》卷八"葛仙米"）

羊肚菜①

羊肚菜出湖北。食法与葛仙米同。

石　发②

制法与葛仙米同。夏日用麻油、醋、秋油拌之，亦佳。

珍珠菜③

制法与蕨菜同。上江新安所出。

---

① 羊肚菜，又称羊肚菌，羊肚菇。状如羊肚，有蜂窠眼。（《本草纲目新校注本》菜部"蘑菰蕈"）
② 石发，一种水苔。
③ 珍珠菜，又名真珠菜。其花圆白如珠，叶翠绿如茶，连蕊叶腊之，香甘鲜滑，他蔬让美。（《本草纲目拾遗》卷八"真珠菜"）

素烧鹅

　　煮烂山药，切寸为段，腐皮包，入油煎之，加秋油、酒、糖、瓜、姜，以色红为度。

【简评】

　　模仿烧鹅的山药豆腐皮，让肉食爱好者爱上吃素。

韭

　　韭，荤物也。专取韭白，加虾米炒之便佳。或用鲜虾亦可，蚬亦可，肉亦可。

【简评】

　　韭菜虾米、韭菜蚬肉、韭菜肉丝，无一不美，原因：韭是荤菜！真让人醍醐灌顶。

芹

　　芹，素物也，愈肥愈妙。取白根炒之，加笋，以熟为度。今人有以炒肉者，清浊不伦。不熟者，虽脆无味。或生拌野鸡，又当别论。

【简评】

芹菜炒笋，以清配清，今人喜用芹菜炒香干，亦同。

豆 芽

豆芽柔脆，余颇爱之。炒须熟烂。作料之味，才能融洽。可配燕窝，以柔配柔，以白配白故也。然以极贱而陪极贵，人多嗤之。不知惟巢、由正可陪尧、舜耳①。

【简评】

豆芽燕窝，这种吃法看来在清代就比较"另类"，今亦不闻。豆芽正是为了衬托燕窝的剔透晶莹，玉洁可爱。

---

① 巢父和许由，相传皆为尧时隐士，尧让位于二人，皆不受。巢由衬托了尧舜之贤。

茭

茭白炒肉、炒鸡俱可。切整段，酱醋炙之，尤佳。煨肉亦佳。须切片，以寸为度，初出太细者无味。

【简评】

茭白以甜嫩为上。精选五花肉炒出的茭白，特别甜滑，而且得趁热吃，凉则不美。蘸酱醋吃，风味隽永。

青　菜

青菜择嫩者，笋炒之。夏日芥末拌，加微醋，可以醒胃。加火腿片，可以作汤。亦须现拔者才软。

【简评】

青菜与笋都清淡，搭配后却鲜嫩脆爽，是最江南的美味。配芥末、醋，最家常；配火腿，也适宜。

台　菜

炒台菜心最懦，剥去外皮，入蘑菇、新笋作汤。炒食加虾肉，亦佳。

【简评】

这是冬春的家常菜。"冬、春采苔心为茹，三月则老不可食。"(《本草纲目新校注本》菜部"芸苔")

苔菜柔嫩，配蘑菇、笋那叫一个鲜美！苔菜炒虾肉，也是甜糯鲜香。

白　菜

白菜炒食，或笋煨亦可。火腿片煨、鸡汤煨俱可。

黄芽菜

此菜以北方来者为佳。或用醋搂，或加虾米煨之，一熟便吃，迟则色、味俱变。

波　菜

波菜肥嫩，加酱水豆腐煮之。杭人名"金镶白玉板"是也。如此种菜虽瘦而肥，可不必再加笋尖、香蕈。

【简评】

这"金镶白玉板"传说是乾隆微服私访下江南，吃到了农妇做的菠菜豆腐，甚以为美，农妇看他衣着贵气，胡诌了一个名字："金镶白玉板"。这个故事已无从考证。不过，李国梁《避暑山庄御膳杂谈》引《驾行热河哨鹿节次膳底档》记载，说乾隆喜欢吃豆腐，御膳就有一道菠菜拌豆腐。

《食单》中很多菜都喜欢用笋尖、香菇做配料，除了取鲜，还能带来肥嫩口感，可见古人喜食肥。

蘑　菇

蘑菇不止作汤。炒食亦佳。但口蘑最易藏沙，更易受霉，须藏之得法，制之得宜。鸡腿蘑便易收拾，亦复讨好。

小蘑菇，大用途。做汤时，可配海鲜（如海参、乌鱼蛋），可配荤菜（如鸡），可配素菜（如王太守八宝豆腐），还可放面汤里。简单炒食，亦肥嫩清香。

松　菌

松菌加口蘑炒最佳。或单用秋油泡食，亦妙。惟不便久留耳，置各菜中，俱能助鲜，可入燕窝作底垫，以其嫩也。

【简评】

松茸，只生长在高海拔、远离污染的原始森林，采摘困难，至今无法人工栽培。美味和稀缺性注定了它高昂的价格，只停留在少数人的舌尖。

面筋三法

一法面筋入油锅炙枯，再用鸡汤、蘑菇清煨。一法不炙，用水泡，切条入浓鸡汁炒之，加冬笋、天花①。章淮树观察家制之最精。上盘时宜毛撕，不宜光切。加虾米泡汁，甜酱炒之，甚佳。

【简评】

第一道是油面筋蘑菇鸡汤；第二道是面筋炒冬笋，以浓鸡汤代水；第三道是红烧面筋，用虾米汤代水。面筋好吃的秘诀就一个字："鲜"。

茄二法

吴小谷广文家，将整茄子削皮，滚水泡去苦汁，猪油炙之。炙时须待泡水干后，用甜酱水干煨，甚佳。卢八太爷家，切茄作小块，不去皮，入油灼微黄，加秋油炮炒，亦佳。是二法者，俱学之而未尽其妙，惟蒸烂划开，用麻油、米醋拌，则夏间亦颇可食。或煨干作脯，置盘中。

---

① 即天花蕈，天花菜。天花菜出山西五台山，形如松花而大，香气如蕈，白色，食之甚美。（《本草纲目新校注本》菜部"天花蕈"）

【简评】

茄子老则苦，可削皮泡去苦味，用猪油、甜酱干煨。另一道是炒茄丁。不过，袁枚说自家厨师都没学到家，可见做菜火候全在心手。蒸茄最简单而味美，蒸到酥烂，拌上麻油米醋，夏天吃，酸香开胃。

苋 羹

苋须细摘嫩尖，干炒，加虾米或虾仁，更佳。不可见汤。

芋 羹

芋性柔腻，入荤入素俱可。或切碎作鸭羹，或煨肉，或同豆腐加酱水煨。徐兆璜①明府家，选小芋子，入嫩鸡煨汤，炒极！惜其制法未传。大抵只用作料，不用水。

---

① 徐兆璜，常熟人，有《漱六居杂咏》。

芋艿要选吃起来粉的，硬疙瘩不可食。大芋头可以切块烧鸭汤，烧肉，烧豆腐，都好。好的小芋头，又黏又滑，还有一丝甜味，与嫩鸡绝配。

豆腐皮

将腐皮泡软，加秋油、醋、虾米拌之，宜于夏日。蒋侍郎家入海参用，颇妙。加紫菜、虾肉作汤，亦相宜。或用蘑菇、笋煨清汤，亦佳。以烂为度。芜湖敬修和尚，将腐皮卷筒切段，油中微炙，入蘑菇煨烂，极佳。不可加鸡汤。

豆腐皮能翻出很多花样：一、凉拌豆腐皮；二、豆腐皮煨海参；三、紫菜虾肉豆腐皮汤；四、蘑菇笋煨豆腐皮汤；五、豆腐皮卷煨蘑菇。

扁 豆

取现采扁豆，用肉、汤炒之，去肉存豆。单炒者油重为佳。以肥软为贵。毛糙而瘦薄者，瘠土所生，不可食。

【简评】

肉炒扁豆，扁豆胜肉，故去肉存豆。扁豆贵在油、肥、软。

瓠子①、王瓜②

将鲥鱼切片先炒，加瓠子，同酱汁煨。王瓜亦然。

---

① 瓠子，蔬菜名。瘦长的叫瓠，圆胖的叫葫芦。
② 王瓜："根味如瓜，故名土瓜。瓜似雹子，熟则色赤。"（《本草纲目新校注本》草部）不过，清人王世雄《随息居饮食谱》说袁枚误把黄瓜写作王瓜，有道理。

瓠，吴人称"蒲"，宜于夏，口感细嫩滑美，尤胜冬瓜。

煨木耳、香蕈

扬州定慧庵僧，能将木耳煨二分厚，香蕈煨三分厚。先取蘑菇熬汁为卤。

【简评】

木耳、香菇以肥厚为美。

冬　瓜

冬瓜之用最多。拌燕窝、鱼肉、鳗、鳝、火腿皆可。扬州定慧庵所制尤佳。红如血珀，不用荤汤。

【简评】

清人李光庭总结《随园食单》的精髓是："有味者使

之出，无味者使之入。"（《乡言解颐》卷三《食工》）冬瓜之"百搭"，遵循的正是此理。

煨鲜菱

煨鲜菱，以鸡汤滚之。上时将汤撤去一半。池中现起者才鲜，浮水面者才嫩。加新栗、白果煨烂，尤佳。或用糖亦可。作点心亦可。

【简评】

苏州的市井生活小景："夜市买菱藕，春船载绮罗。"（唐杜荀鹤《送人游吴》）鲜嫩红菱，捞起就吃，最是甜脆。熟吃，可用鸡汤煨；可与栗子、白果同炖；还可做甜品、点心。

豇　豆

豇豆炒肉，临上时，去肉存豆。以极嫩者，抽去其筋。

　　古人推崇"以形补形"，豆子微曲如肾形，故云可补肾。(《本草纲目新校注本》谷部"豇豆")豇豆炒肉，去肉之形，而存肉之味。

煨三笋

　　将天目笋①、冬笋、问政笋②，煨入鸡汤，号"三笋羹"。

【简评】

　　笋虽四时都有，可凑一锅"三笋羹"却不易。取天目笋干，配上肥美鲜脆的鲜笋入鸡汤，是最乡野的美味。

---

　　① 天目笋产自杭州临安天目山。《笋谱》"天目笋"："五月生，尽六月，其笋色黄，出天目山。"(见《文渊阁四库全书》子部)
　　② 问政山在徽州。《民国歙县志》卷一载："宜养竹笋，最有名。"问政山原名华屏山，唐代歙州刺史于德晦在山巅造"问政山房"，为政清廉，深受乡人拥戴，因将此山改名问政山。

芋煨白菜

芋煨极烂，入白菜心，烹之，加酱水调和，家常菜之最佳者，惟白菜须新摘肥嫩者，色青则老，摘久则枯。

【简评】

"家常菜之最佳"，大抵如同"千帆过尽，始终你好"。软糯的芋头，清甜多汁的白菜，可温润一冬。

香珠豆

毛豆至八九月间晚收者，最阔大而嫩，号"香珠豆"。煮熟以秋油、酒泡之。出壳可，带壳亦可，香软可爱。寻常之豆，不可食也。

【简评】

一碟毛豆，一壶小酒，最得古意。农历八九月收的晚毛豆，香、嫩、大、糯，叫"香珠豆"，煮熟后泡黄酒里醉上一醉，香软可爱。

问政笋丝

问政笋，即杭州笋①也。徽州人送者，多是淡笋干，只好泡烂切丝，用鸡肉汤煨用。龚司马取秋油煮笋，烘干上桌，徽人食之惊为异味。余笑其如梦之方醒也。

炒鸡腿蘑菇

芜湖大庵和尚，洗净鸡腿，蘑菇去沙，加秋油、酒炒熟，盛盘宴客，甚佳。

猪油煮萝卜

用熟猪油炒萝卜，加虾米煨之，以极熟为度。临起加葱花，色如琥珀。

----

① 南宋时，在杭州经商的歙人，常托人带问政笋尝鲜，以解乡思。因此每值春笋破土，便装船沿新安江运至杭州。因此，杭市常有问政笋，时间一久，便被视为杭州土产了。

【简评】

李时珍说萝卜："乃疏中之最有利益者。"（《本草纲目新校注本》菜部"菜菔"）能下气，利消化，还有"令人白净肌细"的美容功效。

这道红烧萝卜，做法简单，却色如琥珀，味道鲜香。

小菜单

小菜佐食，如府史[1]胥徒[2]佐六官[3]也。醒脾解浊，全在于斯。作《小菜单》。

---

① 古时管理财货文书出纳的小吏。
② 官府衙役。
③ 六部尚书称六官。

笋　脯

笋脯出处最多，以家园所烘为第一。取鲜笋加盐煮熟，上篮烘之。须昼夜环看，稍火不旺则溲矣。用清酱者，色微黑。春笋、冬笋皆可为之。

【简评】

袁枚家乡杭州出产的笋干，首屈一指。这里介绍了笋干的制作工艺。

天目笋

天目笋多在苏州发卖。其篓中盖面者最佳，下二寸便搀入老根硬节矣。须出重价，专买其盖面者数十条，如集狐成腋①之义。

---

① 应为"集腋成裘"。腋，狐狸腋下的皮毛。裘，皮衣。积少成多也。

天目笋以嫩、甜为上。买东西眼见为实，自古皆然。

玉兰片

以冬笋烘片，微加蜜焉。苏州孙春阳家①有盐、甜二种，以盐者为佳。

【简评】

在竹林里听到竹子拔节的"咔咔"声，是生命的律动，成长的喜悦。可同样意味着，笋从嫩到老，脆到硬快得不可思议。所以，制笋干的方法多，为的就是保存那一份鲜美。

---

① 指孙春阳南货铺，创办于明万历年间，地址在苏州吴趋坊北口。

素火腿

处州①笋脯，号"素火腿"，即处片也。久之太硬，不如买毛笋②自烘之为妙。

【简评】

清人王士禛《香祖笔记》："越中笋脯，俗名素火腿，食之有肉味，甚腴。"浙地多山，山中多竹，制作笋干曾是山野里家家户户都会的手艺。不过，袁枚却说不如自家烘。

宣城笋脯

宣城笋尖，色黑而肥，与天目笋大同小异，极佳。

---

① 处州，浙江丽水。
② 毛笋，毛竹的根。

人参笋

制细笋如人参形，微加蜜水。扬州人重之，故价颇贵。

笋　油

笋十斤，蒸一日一夜，穿通其节，铺板上，如作豆腐法，上加一板压而榨之，使汁水流出，加炒盐一两，便是笋油。其笋晒干仍可作脯。天台僧制以送人。

【简评】

笋最刮油，这里的笋油是笋蒸后榨的汁。它色泽金黄，香味醇厚。菜肴里滴上几滴，清香、笋香、鲜香溢出，仿佛置身大山深处的竹海。保留精髓，把季节性美食，变成餐桌的常客，让人不得不叹服。

糟　油

糟油出太仓州，愈陈愈佳。

虾　油

买虾子数斤，同秋油入锅熬之，起锅用布沥出秋油，乃将布包虾子，同放罐中盛油。

【简评】

这是苏州特产虾籽酱油。虾籽与酱油在文火中熬熟即可，之所以把虾籽包在布里放罐中，是防止虾籽漂浮面上腐坏。面上倒一点食用油可隔绝空气。

虾籽酱油鲜美异常，佐鱼有奇香。

唎虎酱

秦椒①捣烂，和甜酱蒸之，可用虾米搀入。

【简评】

唎虎，凶狠无赖也，用以形容花椒的麻香，从舌尖

---

① 李时珍说："秦椒，花椒也。始产于秦，今处处可种。"（《本草纲目新校注本》果部"秦椒"）

蔓延至全身的震颤。这道酱，麻、香、鲜，下饭。

熏鱼子

熏鱼子色如琥珀，以油重为贵。出苏州孙春阳家，愈新愈妙，陈则味变而油枯。

腌冬菜①、黄芽菜

腌冬菜、黄芽菜，淡则味鲜，咸则味恶。然欲久放，则非盐不可。常腌一大坛，三伏时开之，上半截虽臭、烂，而下半截香美异常，色白如玉。甚矣！相士之不可但观皮毛也。

【简评】

"黄芽菜"的腌法，《临安志》记载："冬闲取巨菜，覆以草，积久而去，其腐叶黄白鲜莹，故名黄芽。"（《本草纲目拾遗》卷八"黄矮菜"）

----

① 冬菜，即白菜。（《本草纲目拾遗》卷八"干冬菜"）

袁枚在三伏天吃腌黄芽菜后，欣然赋诗："黄芽忽嚼三冬雪，赤日全消六月天。"（《小仓山房诗集》卷二十七《谢钱观察三伏日赐冬腌菜》）似乎尝到了冬雪的冰清玉洁，酷暑全消。

莴苣

食莴苣有二法：新酱者，松脆可爱。或腌之为脯，切片食甚鲜。然必以淡为贵，咸则味恶矣。

【简评】

腌菜本就咸香，可袁枚反复强调"以淡为贵"，真苦口婆心。

香干菜

春芥心风干，取梗淡腌，晒干，加酒、加糖、加秋油，拌后再加蒸之，风干入瓶。

【简评】

鲜芥菜辣中带苦，取春芥心做干则美味。这道芥菜干还要加调料，蒸入味，再风干，就特别鲜美。

冬　芥

冬芥名雪里红①。一法整腌，以淡为佳；一法取心风干，斩碎，腌入瓶中，熟后杂鱼羹中，极鲜。或用醋煨，入锅中作辣菜亦可，煮鳗、煮鲫鱼最佳。

【简评】

雪里红，可整腌，可切碎腌，烧鱼汤特鲜美。《随息居饮食谱》说腌雪里红，生熟都能吃，而且"陈久愈佳，香能开胃，最益病人"。一碗白米粥，一碟雪里蕻，这是最熨帖"中国胃"的早餐吧。

新鲜雪里红，有辛辣味，可做配菜。

春　芥

取芥心风干、斩碎，腌熟入瓶，号称"挪菜"。

────────────

① 雪里红，又叫雪里蕻，雪菜。

芥　头

芥根切片，入菜同腌，食之甚脆。或整腌晒干作脯，食之尤妙。

芝麻菜

腌芥晒干，斩之碎极，蒸而食之，号"芝麻菜"。老人所宜。

风瘪菜

将冬菜取心风干，腌后榨出卤，小瓶装之，泥封其口，倒放灰上。夏食之，其色黄，其臭香。

【简评】

夏天容易食欲不振，来一口腌菜特别开胃。装小瓶，泥封，倒扣，是为隔绝外界杂菌，不易腐坏，这样发酵也特别充分，色泽黄亮，香味诱人。

糟　菜

取腌过风瘪菜，以菜叶包之，每一小包，铺一面香糟，重叠放坛内。取食时，开包食之，糟不沾菜，而菜得糟味。

酸　菜

冬菜心风干微腌，加糖、醋、芥末，带卤入罐中，微加秋油亦可。席间醉饱之余，食之醒脾解酒。

【简评】

酸菜有南北之别，相比于北方酸菜的豪放，这南方酸菜就细腻多了，加了盐、糖、醋、芥末，酸甜香辣，解腻醒酒。

台菜心

取春日台菜心腌之，榨出其卤，装小瓶之中，夏日食之。风干其花，即名菜花头，可以烹肉。

乳　腐

乳腐，以苏州温将军庙前者为佳，黑色而味鲜。有干湿二种，有虾子腐亦鲜，微嫌腥耳。广西白乳腐最佳。王库官家制亦妙。

【简评】

腐乳又名"东方奶酪"，因发酵菌种不同而呈现不同颜色，佐粥，绝佳。

酱炒三果

核桃、杏仁去皮，榛子不必去皮。先用油炮脆，再下酱，不可太焦。酱之多少，亦须相物而行。

【简评】

酱炒三果营养价值高。核桃"令人肥健，润肌，黑须发"；榛"益力气，实肠胃"；杏仁"降气润燥、消积治伤损"。(《本草纲目新校注本》果部）所以，这道菜既可口，又兼具补肾、养颜、乌发功效。

酱石花①

将石花洗净入酱中，临吃时再洗。一名麒麟菜。

石花糕

将石花熬烂作膏，仍用刀划开，色如蜜蜡。

小松菌

将清酱同松菌入锅滚熟，收起，加麻油入罐中。可食二日，久则味变。

---

① 石花菜，生海中沙石间，高二三寸，状如珊瑚，有红白二种。(《本草纲目拾遗》卷八"麒麟菜"引朱排山《柑园小识》)可化痰，去痔疮。

吐 鉄^①

　　吐鉄出兴化、泰兴。有生成极嫩者，用酒酿浸之，加糖则自吐其油，名为泥螺，以无泥为佳。

【简评】

　　这道醉泥螺，虽是"海错上品"，却味道特别，品尝需要一定技巧。所以，让爱的人爱死，讨厌的人避之不及。

海 蛰

　　用嫩海蛰，甜酒浸之，颇有风味。其光者名为白皮，作丝，酒醋同拌。

【简评】

　　海蛰做冷盘，很开胃。"白皮"净若水晶，脆嫩鲜美。

---

　　① 鉄，音 tiě。

拌上酒醋，是视觉、嗅觉、味觉的多重享受。

虾子鱼

子鱼①出苏州。小鱼生而有子。生时烹食之，较美于鲞。

【简评】

鲻鱼生活在咸、淡水交界处，特别肥美。

酱 姜

生姜取嫩者微腌，先用粗酱套之，再用细酱套之，凡三套而始成。古法用蝉退一个入酱，则姜久而不老。

【简评】

王安石说姜：“能疆御百邪，故谓之姜。”（《本草纲目新校注本》“生姜”）去风寒特别有用。

---

① 子鱼，即鲻鱼。李时珍说：“鲻，色缁黑，故名。粤人讹为子鱼。”（《本草纲目新校注本》鳞部）

在清代，酱姜是最平民的美食。郑板桥说，天寒冰冻时，"先泡一大碗炒米送手中，佐以酱姜一小碟，最是暖老温贫之具"（郑燮《板桥家书》"范县署中寄舍弟墨第四书"）。来一口甜中带辣的酱姜，胜吃参汤！

酱　瓜

将瓜腌后，风干入酱，如酱姜之法。不难其甜，而难其脆。杭州施鲁箴家制之最佳。据云：酱后晒干又酱，故皮薄而皱，上口脆。

【简评】

这道是酱菜瓜，菜瓜即甜瓜。酱瓜最让人吃到感动的地方就是这个"脆"。秘诀就是酱后晒干再酱。

新蚕豆

新蚕豆之嫩者，以腌芥菜炒之甚妙。随采随食方佳。

腌　蛋

腌蛋以高邮为佳，颜色红而油多。高文端公①最喜食之。席间先夹取以敬客。放盘中，总宜切开带壳，黄白兼用；不可存黄去白，使味不全，油亦走散。

【简评】

汪曾祺是高邮人，他不喜袁枚，曾写过一篇《金冬心》来挖苦袁枚，借他人口批袁枚"斯文走狗"，《随园食单》是"寒乞相"。不过，袁枚写的这条咸鸭蛋，他在《故乡的食物》里倒是恭恭敬敬抄下来，说"觉得很亲切，而且'与有荣焉'"。

高邮咸鸭蛋，中心那抹油红得醉人，吃起来粉糯油润，蛋白嫩而不干，难怪让老饕感叹"曾经沧海难为水"。对"吃"投入巨大热情，吃到名扬千古，这是袁枚让人羡慕不来的本事。

---

① 高晋，字昭德，高佳氏，满洲镶黄旗。曾任江宁织造、两江总督等，谥文端。《清史稿》有传。

混　套

　　将鸡蛋外壳微敲一小洞，将清黄倒出，去黄用清，加浓鸡卤煨就者拌入，用箸打良久，使之融化，仍装入蛋壳中，上用纸封好，饭锅蒸熟，剥去外壳，仍浑然一鸡卵，此味极鲜。

【简评】

　　这是鸡汤蒸蛋白，难就难在放原蛋壳中蒸，因难而见巧，因巧而见妙。

茭瓜脯

　　茭瓜入酱，取起风干，切片成脯，与笋脯相似。

酱王瓜

　　王瓜初生时，择细者腌之入酱，脆而鲜。

点心单

梁昭明[1]以点心为小食，郑馋嫂劝叔且点心[2]，由来旧矣。作《点心单》。

---

[1] 萧统，南朝梁武帝萧衍长子，谥号"昭明"。主持编撰《昭明文选》。

[2] 见宋人吴曾《能改斋漫录》卷二，并指出："世俗例以早晨小食为点心，自唐时已有此语。"

鳗　面

大鳗一条蒸烂，拆肉去骨，和入面中，入鸡汤清揉之，擀成面皮，小刀划成细条，入鸡汁、火腿汁、蘑菇汁滚。

【简评】

把鱼拆碎和面，鳗鱼在《食单》也是独一份。因鳗鱼肥嫩脂厚，能让面条更柔滑鲜美。入鸡、火腿、蘑菇汤，去腥的同时，更是鲜得不得了。

温　面

将细面下汤沥干，放碗中，用鸡肉、香蕈浓卤，临吃，各自取瓢加上。

鳝　面

熬鳝成卤，加面再滚。此杭州法。

浓油赤酱的鳝鱼面，是江南人最爱的味道之一。浇头随做随吃最鲜美。

裙带面

以小刀截面成条，微宽，则号"裙带面"。大概作面，总以汤多卤重，在碗中望不见面为妙。宁使食毕再加，以便引人入胜。此法扬州盛行，恰甚有道理。

"裙带面"，面条像美人的裙裾，出场也是"犹抱琵琶半遮面"，不可一览无余。

素　面

先一日将蘑菇蓬熬汁，定清；次日将笋熬汁，加面滚上。此法扬州定慧庵僧人制之极精，不肯传人。然其大概亦可仿求。其汤纯黑色，或云暗用虾汁、蘑菇原汁，只宜澄去泥沙，不重换水；一换水，则原味薄矣。

【简评】

素面要好吃，精髓在汤底。蘑菇和笋都能提鲜，尤其蘑菇要提前一天熬汁、沉淀备用。可是，对于卤汁为什么是纯黑色？袁枚猜测，是暗地里用了虾汁、蘑菇原汁。

蓑衣饼

干面用冷水调，不可多，揉擦薄后，卷拢再擦薄了，用猪油、白糖铺匀，再卷拢擦成薄饼，用猪油煠黄。如要盐的，用葱椒盐亦可。

【简评】

蓑衣饼，明清时就是苏杭名小吃。施闰章云："虎丘茶试蓑衣饼。"（《施闰章诗》卷四十九《虎丘偶题》）袁枚游杭州城隍山，"吃蓑衣饼，看古董店"（王英志整理手抄本《袁枚日记》）。在南京收到它："漫劳纤手巧，来慰老人饥。"（《小仓山房诗集》卷三十《又谢蓑衣饼》）这家乡小食可以慰藉袁枚的乡愁。

虾 饼

生虾肉，葱盐、花椒、甜酒脚少许，加水和面，香油灼透。

【简评】

油炸虾饼，皮脆肉弹，鲜美异常。

薄 饼

山东孔藩台①家制薄饼，薄若蝉翼，大若茶盘，柔腻绝伦。家人如其法为之，卒不能及，不知何故。秦人制小锡罐，装饼三十张。每客一罐。饼小如柑。罐有盖，可以贮。馅用炒肉丝，其细如发。葱亦如之。猪羊并用，号曰"西饼"。

---

① 孔传炯，山东曲阜人。曾任江宁布政使。藩台，布政使的别称。

【简评】

清代山东的煎饼技术就精妙绝伦，"薄若蝉翼"，很难效仿。

另一道是炒猪、羊、葱丝，卷小薄饼吃。与今北京烤鸭吃法类似。

其实薄饼也非北方特产，《清异录》"建康七妙"（金陵特产）就有薄饼"饼可映字"。

面老鼠

以热水和面，俟鸡汁滚时，以箸夹入，不分大小，加活菜心，别有风味。

【简评】

面老鼠，即面疙瘩。徐珂《清稗类钞》亦有记载，"曰老鼠，以其形似也"。

颠不棱①即肉饺也

糊面摊开，裹肉为馅蒸之。其讨好处全在作馅得法，不过肉嫩去筋作料而已。余到广东，吃官镇台②颠不棱，甚佳。中用肉皮煨膏为馅，故觉软美。

【简评】

蒸饺，叫颠不棱，虽然这个称呼并不流行，但可见清代士大夫的时髦生活，也是广东口岸，对外交流活跃的一个时代缩影。

蒸饺，美在馅，贵在肉嫩。官镇台颠不棱，即广东灌汤饺，肉皮膏作馅，遇热化为汤汁，在吃家眼里，最鲜美的是那一口汤。

---

① 推测为英文 dumpling 的汉语音译。（台湾杨玉君《双面饺子——从颠不棱谈起》）

② 官镇台，指广东肇庆副将官福。镇台是总兵的尊物。副将即副总兵，故称官镇台。

肉馄饨

作馄饨与饺同。

韭　合

韭菜切末拌肉，加作料，面皮包之，入油灼之。面内加酥更妙。

【简评】

京津等北方地区的过年习俗是："初一饺子初二面，初三合子往家转。"合子就是炸韭合，可见它在北方的受欢迎程度。

糖饼又名面衣

糖水溲面，起油锅令热，用箸夹入；其作成饼形者，号"软锅饼"：杭州法也。

千层馒头

杨参戎①家制馒头，其白如雪，揭之如有千层。金陵人不能也。其法扬州得半，常州、无锡亦得其半。

【简评】

馒头，要雪白暄软才可爱。吃馒头如揭千层雪，有雪之雅，无雪之冷。扬州的早茶，至今风靡，这发酵工艺功不可没。

面　茶

熬粗茶汁，炒面兑入，加芝麻酱亦可，加牛乳亦可，微加一撮盐。无乳则加奶酥、奶皮亦可。

【简评】

京津一带的特色小吃。最特别的是它的喝法，不用

---

①　明清时参将俗称参戎。

勺不用筷，一手持碗，嘴巴拢起贴着碗边吸溜。每一口里，茶香、面香、酱香、芝麻香、奶香，融为一体。这份老北京人的讲究里，透露出不可言传的大家风范。

杏　酪

捶杏仁作浆，挍去渣，拌米粉，加糖熬之。

【简评】

杏仁如何作浆去渣？《齐民要术》卷九"煮醴酪"说，杏仁"以汤脱去黄皮，熟研，以水和之，绢滤取汁"。水多就味薄，以滋味淳浓为美。

粉　衣

如作面衣之法。加糖、加盐俱可，取其便也。

萝葡汤圆

萝葡刨丝滚熟，去臭气，微干，加葱酱拌之，放粉团中作馅，再用麻油灼之。汤滚亦可。春圃①方伯家制萝葡饼，叩儿学会，可照此法作韭菜饼、野鸡饼试之。

【简评】

萝卜汤圆和萝卜丝饼都好吃，秘诀就是萝卜丝先焯水去萝卜味。

水粉汤圆

用水粉和作汤圆，滑腻异常，中用松仁、核桃、猪油、糖作馅，或嫩肉去筋丝捶烂，加葱末、秋油作馅亦可。作水粉法，以糯米浸水中一日夜，带水磨之，用布盛接，布下加灰，以去其渣，取细粉晒干用。

【简评】

北方人的饺子，南方人的汤圆，都有情意，是家的味道，团圆的幸福。

汤圆，咸还是甜，这个让人争执不休的难题，在袁

---

① 袁鉴，字春圃，袁枚堂弟。

枚看来根本不是问题：可甜可咸，可素可荤，只要你喜欢。

脂油糕

用纯糯粉拌脂油，放盘中蒸熟，加冰糖捶碎，入粉中蒸好，用刀切开。

雪花糕

蒸糯饭捣烂，用芝麻屑加糖为馅，打成一饼，再切方块。

【简评】

即糍粑。打糍粑费劲，往往需数个壮劳力一起，把糍粑打得又黏又软又滑。热闹欢腾的场景，传统，喜庆。

百果糕

杭州北关外卖者最佳。以粉糯多松仁、胡桃而不放橙丁者为妙。其甜处非蜜非糖，可暂可久。家中不能得其法。

【简评】

百果糕的甜，来自各种干果，没有蜜、糖之甜腻，别有一种清新。

栗　糕

煮栗极烂，以纯糯粉加糖为糕蒸之，上加瓜仁、松子。此重阳小食也。

【简评】

栗糕，即重阳糕。宋孟元老《东京梦华录》卷八记载，宋朝人重阳前一二日就要做重阳糕："各以粉面蒸糕遗送，上插煎彩小旗，掺钉果实，如石榴子、栗子黄、银杏、松子肉之类。"到清朝，重阳糕也改良了，但糯米粉、栗子、松子保留下来。

青糕、青团

捣青草为汁，和粉作粉团，色如碧玉。

【简评】

取嫩艾草捣成汁后做青团，是清明时节美食。

合欢饼

蒸糕为饭，以木印印之，如小珙璧状，入铁架熯之，微用油，方不粘架。

鸡豆①糕

研碎鸡豆，用微粉为糕，放盘中蒸之。临食用小刀片开。

---

① 鸡豆，亦名鸡头，芡实。

鸡豆糕历史也特别悠久。宋人寇宗奭《本草衍义》说："临水居人，采子去皮，捣仁为粉，蒸炸作饼，可以代粮。"中医认为有补中益肾功效。（均据《本草纲目新校注本》果部"芡实"）

鸡豆粥

磨碎鸡豆为粥，鲜者最佳，陈者亦可。加山药、茯苓尤妙。

鸡豆粥不但美味，而且"益精气，强志意，利耳目"。（《本草纲目新校注本》）

金 团

杭州金团，凿木为桃、杏、元宝之状，和粉搦成，入木印中便成。其馅不拘荤素。

【简评】

用木印做糕团，寓意吉祥，操作简便。

藕粉、百合粉

藕粉非自磨者，信之不真。百合粉亦然。

麻　团

蒸糯米捣烂为团，用芝麻屑拌糖作馅。

熟　藕

藕须贯米加糖自煮，并汤极佳。外卖者多用灰水，味变，不可食也。余性爱食嫩藕，虽软熟而以齿决，故味在也。如老藕一煮成泥，便无味矣。

【简评】

糯米糖藕：嫩藕的脆，糯米的黏，绵绵不断的藕丝，酿成一段甜蜜时光。

新栗、新菱

　　新出之栗，烂煮之，有松子仁香。厨人不肯煨烂，故金陵人有终身不知其味者。新菱亦然。金陵人待其老方食故也。

【简评】

　　栗、菱，都以煮得酥烂为贵，口感既糯，更有奇香。

莲　子

　　建莲①虽贵，不如湖莲之易煮也。大概小熟抽心去皮，后下汤，用文火煨之，闷住合盖，不可开视，不可停火。如此两炷香，则莲子熟时，不生骨矣。

【简评】

　　"低头弄莲子，莲子清如水。"（南朝民歌《西洲曲》）

----

　　①　产自福建省建宁县。

莲子青心白肉，特别高洁，而且性情温和如解语花，可以"补中养神，益气力，除百疾"（《本草纲目新校注本》果部）。去皮抽心，文火煨一个多小时，柔若无骨。

芋

十月天晴时，取芋子、芋头，晒之极干，放草中，勿使冻伤。春间煮食，有自然之甘。俗人不知。

萧美人①点心

仪真②南门外，萧美人善制点心，凡馒头、糕、饺之类，小巧可爱，洁白如雪。

【简评】

萧美人，人美，手制点心也可爱。乾隆五十七年（1792）重阳，袁枚请人在仪征一买就是三千枚，送了一

---

① 萧美人（1743—1796），江苏仪征人，清乾隆时点心师，善制馒头、糕点。

② 仪真，即江苏仪征。

千枚给当时的江苏巡抚奇丽川。奇丽川赋诗云："酒冷灯昏夜未央，山人忽饷美人香。三千有数君留半，八种无端我尽尝。"袁枚唱和诗云："说饼佳人旧姓萧，呼奴往购渡江皋。风回似采三山药，芹献刚题九日糕。洗手已闻房老退，传笺忽被贵人褒。转愁此后真州过，宋嫂鱼羹价益高。"（见《小仓山房诗集》卷三十四《九月七日以真州萧美人点心馈酬中丞，蒙以诗谢，敬答一章》）两人的情谊令人感动，而萧美人点心也更出名了。同样是"乾隆三大家"之一、袁枚的好友赵翼亦有和诗云："苏东坡肉眉公饼，此女公然另出头。"（清赵翼《瓯北集》卷三十五《真州萧娘制糕饼最有名，人呼为萧美人点心，子才觅以馈中丞，宠之以诗，一时传为佳话，余亦作六绝句》把萧美人点心与东坡肉并列，是极高的评价了。

刘方伯月饼

用山东飞面，作酥为皮，中用松仁、核桃仁、瓜子仁为细末，微加冰糖和猪油作馅，食之不觉甚甜，而香松柔腻，迥异寻常。

【简评】

一枚小小的月饼，寄托着中华儿女对团圆的期盼与祝福。明人田汝成编《西湖游览志馀》说："八月十五日谓之中秋，民间以月饼相遗，取团圆之义。"

松仁、核桃仁、瓜子仁，都是植物的种子，营养丰富，磨粉很香，加一点点冰糖、猪油，不过甜，简直完美。

陶方伯①十景点心

每至年节，陶方伯夫人手制点心十种，皆山东飞面所为。奇形诡状，五色纷披。食之皆甘，令人应接不暇。萨制军②云："吃孔方伯薄饼，而天下之薄饼可废；吃陶方伯十景点心，而天下之点心可废。"自陶方伯亡，而此点心亦成《广陵散》矣。呜呼！

---

① 陶易，山东威海人。乾隆四十一年（1776）任江苏布政使。

② 萨载，满洲正黄旗人。乾隆四十一年（1776）任江南河道总督。制军，为总督别称。

十景点心，是"奇形诡状，五色纷披"的面粉制品。今威海有面塑工艺"花饽饽"，颇得其精髓。幸未成《广陵散》！

杨中丞西洋饼

用鸡蛋清和飞面作稠水，放碗中。打铜夹剪一把，头上作饼形，如碟大，上下两面，铜合缝处不到一分。生烈火烘铜夹，撩稠水，一糊一夹一熯，顷刻成饼。白如雪，明如绵纸，微加冰糖、松仁屑子。

【简评】

西洋饼显然是舶来品。袁枚也是最早接触西餐的中国人之一。用鸡蛋清和面能带来松软口感。

风枵①

以白粉浸透，制小片入猪油灼之，起锅时加糖糁之，色白如霜，上口而化。杭人号曰"风枵"。

【简评】

苏州吴江等地人制"风枵"，是用糯米浸透、蒸熟，在锅里贴锅巴，撒糖，雪白甜脆。泡茶称"待帝茶"，飘面上，入口柔润。

三层玉带糕

以纯糯粉作糕，分作三层；一层粉，一层猪油白糖，夹好蒸之，蒸熟切开：苏州人法也。

【简评】

即云片糕，色白而长，故称"玉带糕"。

---

① 枵，音 xiāo，空虚。

运司①糕

卢雅雨②作运司，年已老矣。扬州店中作糕献之，大加称赏。从此遂有"运司糕"之名。色白如雪，点胭脂，红如桃花。微糖作馅，淡而弥旨。以运司衙门前店作为佳。他店粉粗色劣。

【简评】

卢雅雨"性度高廓，不拘小节，形貌矮瘦，时人谓之矮卢"。据《扬州画舫录》记载，卢氏曾主持虹桥修禊，当时和修禊诗的达七千多人。足见当时他在政坛、文坛的影响力和受人爱戴的程度。所以有了这"运司糕"的美名，至今扬州仍有。

---

① 运司，明清时盐运使的简称。
② 卢见曾，字澹园，号雅雨，山东德州人。官两淮盐运使。有《雅雨堂诗文集》。

沙　糕

糯粉蒸糕，中夹芝麻、糖屑。

小馒头、小馄饨

作馒头如胡桃大，就蒸笼食之。每箸可夹一双。扬州物也。扬州发酵最佳。手捺之不盈半寸，放松仍隆然而高。小馄饨小如龙眼，用鸡汤下之。

【简评】

北方人笑南方人，包子馒头分不清，比如江南、浙江一带说"肉馒头"。

其实，古人也是包子馒头混用。《梦粱录》卷十六就有"糖肉馒头""蟹肉馒头"，也有"水晶包儿""笋肉包儿"等称呼。小馒头即小笼包。发酵的水平，很大程度决定了馒头的好吃程度。

鸡汤小馄饨很鲜，嘴里没味儿时最宜来一碗。

雪蒸糕法

　　每磨细粉，用糯米二分，粳米八分为则，一拌粉，将粉置盘中，用凉水细细洒之，以捏则如团、撒则如砂为度。将粗麻筛筛出，其剩下块搓碎，仍于筛上尽出之，前后和匀，使干湿不偏枯，以巾覆之，勿令风干日燥，听用。（水中酌加上洋糖①则更有味，拌粉与市中枕儿糕法同。）一锡圈及锡钱②，俱宜洗剔极净，临时略将香油和水，布蘸拭之。每一蒸后，必一洗一拭。一锡圈内，将锡钱置妥，先松装粉一小半，将果馅轻置当中，后将粉松装满圈，轻轻擦平，套汤瓶③上盖之，视盖口气直冲为度。取出覆之，先去圈，后去钱，饰以胭脂，两圈更递为用。一汤瓶宜洗净，置汤分寸以及肩为度。然多滚则汤易涸，宜留心看视，备热水频添。

---

　　①　进口的绵白糖。
　　②　蒸糕模具。
　　③　汤瓶，又称唐瓶、汤壶，是一种煮茶水用的瓶。

【简评】

这道方子详尽，要点在于：一、米粉干湿得宜，过筛让粉变得细腻，蒸后才松软；二、模具准备，要保持干净、涂油防粘；三、装粉要松松的，中间加馅，别压实；四、隔水蒸好。

古人蒸糕是套在汤瓶里隔水炖，汤瓶有嘴，水可以随时增减，锡圈套在汤瓶上，加上盖则是密闭空间，不至于过湿，很妙。模子里放一枚锡钱，蒸出来则有漂亮吉祥的图案。

作酥饼法

冷定脂油一碗，开水一碗，先将油同水搅匀，入生面，尽揉要软，如擀饼一样，外用蒸熟面入脂油，合作一处，不要硬了。然后将生面做团子，如核桃大，将熟面亦作团子，略小一晕，再将熟面团子包在生面团子中，擀成长饼，长可八寸，宽二三寸许，然后折叠如碗样，包上穰①子。

【简评】

　　酥饼好吃，在于外酥内软：一口咬下，层层叠叠，舌尖仿佛腾轻云上。内用熟面，外用生面以及用油、擀开、折叠的过程，就是为了这美妙口感。

天然饼

　　泾阳张荷塘②明府家制天然饼，用上白飞面，加微糖及脂油为酥，随意搦成饼样，如碗大，不拘方圆，厚二分许。用洁净小鹅子石衬而煤之，随其自为凹凸，色半黄便起，松美异常。或用盐亦可。

制馒头法

　　偶食新明府馒头，白细如雪，面有银光，以为是北

---

①　穰，音 ráng，同瓤。即馅儿。
②　张五典，字叙百，号荷塘，陕西泾阳人。官上元（今江苏南京）知县。有《荷塘诗集》。

面之故。龙云不然。面不分南北，只要罗得极细。罗筛至五次，则自然白细，不必北面也。惟做酵最难。请其庖人来教，学之卒不能松散。

【简评】

过筛虽是小事，却绝不能图方便不筛。在清代，发酵远没今天省事。不过，不同的菌种做出的味儿不同，正是馒头的魅力所在。

扬州洪府粽子

洪府制粽，取顶高糯米，捡其完善长白者，去其半颗散碎者，淘之极熟，用大箬叶①裹之，中放好火腿一大块，封锅闷煨一日一夜，柴薪不断。食之滑腻温柔，肉与米化。或云：即用火腿肥者斩碎，散置米中。

【简评】

洪府粽子用料考究：糯米用又长又白完整的，这样

---

① 箬，音 ruò。大箬叶，即大竹叶。

蒸上24小时，糯米是黏糯饱满的，而火腿在时光中酿出的醇厚滋味，则让粽子鲜香无比。火腿肥肉斩碎放米中，则粽子更油润。

饭粥单

粥饭本也，余菜末也。本立而道生。作
《饭粥单》。

饭

王莽云："盐者，百肴之将。"余则曰："饭者，百味之本。"《诗》称："释之溲溲，蒸之浮浮。"① 是古人亦吃蒸饭。然终嫌米汁不在饭中。善煮饭者，虽煮如蒸，依旧颗粒分明，入口软糯。其诀有四：一要米好，或"香稻"，或"冬霜"，或"晚米"，或"观音籼"②，或"桃花籼"，春之极熟，霉天风摊播之，不使惹霉发疹。一要善淘，淘米时不惜工夫，用手揉擦，使水从箩中淋出，竟成清水，无复米色。一要用火先武后文，闷起得宜。一要相米放水，不多不少，燥湿得宜。往往见富贵人家，讲菜不讲饭，逐末忘本，真为可笑。余不喜汤浇饭，恶失饭之本味故也。汤果佳，宁一口吃汤，一口吃饭，分前后食之，方两全其美。不得已，则用茶、用开水淘之，犹不夺饭之正味。饭之甘，在百味之上，知味者，遇好饭不必用菜。

【简评】

珍馐百味，谁为主？饭！这篇就好似贾宝玉神游太

---

① 《诗经·大雅·生民》。释，淘米。溲溲，淘米声。浮浮，热气上腾的样子。
② 观音籼，出江宁金牛洞。（《江南通志》卷八十六"食货志"）籼米是粳米中早熟的品种。

虚幻境，突被唤醒，才了悟了本质。一碗好吃的饭，要米好，淘好，火候对，水正好，吃起来粒粒分明却软糯清香，微微透着甜，无需佐菜。古法蒸饭，因为米汤不在饭中而不佳。汤泡饭虽鲜，却失去了饭的本味。实在不得已，就用茶、开水泡饭。"秦淮八艳"之一的董小宛就钟爱茶泡饭。（冒襄《影梅庵忆语》）

粥

见水不见米，非粥也；见米不见水，非粥也。必使水米融洽，柔腻如一，而后谓之粥。尹文端公曰："宁人等粥，毋粥等人。"此真名言，防停顿而味变汤干故也。近有为鸭粥者，入以荤腥；为八宝粥者，入以果品：俱失粥之正味。不得已，则夏用绿豆，冬用黍米①，以五谷入五谷，尚属不妨。余常食于某观察家，诸菜尚可，而饭粥粗粝，勉强咽下，归而大病。尝戏语人曰："此是五脏神暴落难。"是故自禁受不得。

---

① 黍米，黄米。

【简评】

不稀不稠，见汤见米，才是一碗好粥。

袁枚特别讲究不夺食物本味，所以鸭粥，八宝粥他都不欣赏，只有五谷粥还行。善用粥饭养生，也是袁枚活到八旬的长寿秘方。

茶酒单

　　七碗生风，一杯忘世，非饮用六清①不可。作《茶酒单》。

---

　　① 见《周礼·天官》："凡王之馈……饮用六清。"郑玄注：六清，水、浆、醴、凉（liáng）、医、酏（yì）。

茶

　　欲治好茶，先藏好水。水求中泠①、惠泉②。人家中何能置驿而办？然天泉水、雪水，力能藏之。水新则味辣，陈则味甘。尝尽天下之茶，以武夷山顶所生、冲开白色者为第一。然入贡尚不能多，况民间乎？其次，莫如龙井。清明前者，号"莲心"，太觉味淡，以多用为妙；雨前最好，一旗一枪③，绿如碧玉。收法须用小纸包，每包四两，放石灰坛中，过十日则换石灰，上用纸盖札住，否则气出而色味全变矣。烹时用武火，用穿心罐，一滚④便泡，滚久则水味变矣。停滚再泡，则叶浮矣。一泡便饮，用盖掩之则味又变矣。此中消息，间不容发也。山

---

　　① 中泠泉在江苏镇江。唐刘伯刍评为"天下第一泉"。（唐张又新《煎茶水记》）

　　② 惠泉在江苏无锡惠山。刘伯刍评为"天下第二泉"。

　　③ 茶叶"初萌如雀舌者谓之枪，稍敷而为叶者谓之旗"。（宋叶梦得《避暑录话》）

　　④ 陆羽《茶经》："其沸如鱼目，微有声为一沸，缘边如涌泉连珠为二沸，腾波鼓浪为三沸，已上，水老不可食也。"

西裴中丞①尝谓人曰："余昨日过随园，才吃一杯好茶。"呜呼！公山西人也，能为此言。而我见士大夫生长杭州，一入宦场便吃熬茶，其苦如药，其色如血。此不过肠肥脑满之人吃槟榔法也。俗矣！除吾乡龙井外，余以为可饮者，胪列于后。

【简评】

水，取之天然，不被污染为贵。名水名泉，不可轻得。故荷上露水、腊月雪水，都是古人的宝贝。而且他们认为陈水甘甜，新水有辣味。

茶叶，袁枚认为武夷山顶的贡茶第一，龙井第二。这与陆羽《茶经》所说的"野者上，园者次。阳崖阴林紫者上，绿者次"，倒是一致的。要喝到好茶，茶叶保鲜、煮茶水也不可不懂。

茶可清心明目。官场中人喜熬浓茶来提神，却全然失去了茶的文人雅趣了。品茗，贵在品出那一份心底的

---

① 裴中丞，指裴宗锡，字午桥，号二知，山西曲沃人。乾隆三十五年至四十年（1770—1775）任安徽巡抚。明清时巡抚雅称中丞，故称裴中丞。《随园诗话》卷十一载："裴二知中丞，巡抚皖江，每至随园，依依不去。"

悠然自得。

武夷茶

余向不喜武夷茶，嫌其浓苦如饮药。然丙午秋，余游武夷到曼亭峰、天游寺诸处。僧道争以茶献。杯小如胡桃，壶小如香橼，每斟无一两。上口不忍遽咽，先嗅其香，再试其味，徐徐咀嚼而体贴之。果然清芬扑鼻，舌有余甘，一杯之后，再试一二杯，令人释躁平矜，怡情悦性，始觉龙井虽清而味薄矣，阳羡①虽佳而韵逊矣。颇有玉与水晶，品格不同之故。故武夷享天下盛名，真乃不忝。且可以瀹至三次，而其味犹未尽。

【简评】

人总有一种"敝帚自珍"的情结，何况家乡的龙井早已名满天下。可袁枚仍把武夷茶列为第一，是因为他喝到了最正宗、最上品的武夷茶后被深深折服。

"清香扑鼻、舌有余甘"是感官的满足，"释躁平矜，

---

① 宜兴古称阳羡。

怡情悦性"却是好茶对人性情的滋养。普通的茶如水晶，虽清透却一览无余。极品好茶却如一块宝玉，有光华内蕴，韵味悠长。

清人梁章钜《归田琐记》论茶有四品，曰香，曰清，曰甘，曰活，活茶最上。也是深谙茶道了。

龙井茶

杭州山茶，处处皆清，不过以龙井为最耳。每还乡上冢，见管坟人家送一杯茶，水清茶绿，富贵人所不能吃者也。

【简评】

龙井茶，因产于杭州西湖龙井村一带而得名，它吸收了江南山水的灵秀之气，故而"色绿，味甘，香郁，形美"，令人回味无穷。管坟人所送的最乡野，却也清新扑面。

常州阳羡茶①

阳羡茶，深碧色，形如雀舌，又如巨米。味较龙井略浓。

【简评】

阳美茶，采极嫩者。大抵《茶经》所云："笋者上，芽者次，叶卷上，叶舒次。"

洞庭君山②茶

洞庭君山出茶，色味与龙井相同。叶微宽而绿过之。采掇最少。方毓川抚军③曾惠两瓶，果然佳绝。后有送者，俱非真君山物矣。

此外如六安、银针、毛尖、梅片、安化，概行黜落。

---

① 清代宜兴属常州府。

② 在湖南洞庭湖口。

③ 方毓川，即方世俊，字毓川，安徽桐城人。乾隆三十二年（1767）任湖南巡抚。抚军，清巡抚的别称。

越是好茶，产量越小。所以，即便如袁枚这般朋友遍天下，喝到极品好茶，也需要一些机缘。

酒

余性不近酒，故律酒过严，转能深知酒味。今海内动行绍兴，然沧酒之清，浔酒之冽，川酒之鲜，岂在绍兴下哉！大概酒似耆老宿儒，越陈越贵，以初开坛者为佳，谚所谓"酒头茶脚"是也。炖法不及则凉，太过则老，近火则味变。须隔水炖，而谨塞其出气处才佳。取可饮者，开列于后。

【简评】

因为不好酒，所以更懂酒。看似矛盾的一句话，却很有道理。不会逢酒必喝，所以只为美酒破例；不会酩酊大醉，所以更能品出酒味之不同：是清，是冽，还是鲜？

"晚来天欲雪，能饮一杯无？"温一壶黄酒，最是享受。温酒到什么程度呢？袁枚说要不冷不烫为宜，隔水炖，不走气。

金坛于酒

于文襄公①家所造，有甜涩二种，以涩者为佳。一清彻骨，色若松花②。其味略似绍兴，而清洌过之。

德州卢酒

卢雅雨转运家所造，色如于酒，而味略厚。

四川郫筒酒③

郫筒酒，清洌彻底，饮之如梨汁蔗浆，不知其为酒也。但从四川万里而来，鲜有不味变者。余七饮郫筒，

---

① 于敏中，江苏金坛人。乾隆三年（1738）年状元。官至文华殿大学士兼军机大臣。谥文襄。
② 松树的花。黄色。
③ 郫，音 pí。成都郫县以竹筒盛美酒。

惟杨笠湖①刺史木簰②上所带为佳。

【简评】

郫筒酒，其色清澄，喝上去有果汁般的甘甜。

可是好酒难得，喝七次，只有一次好，而且还是千里迢迢用木筏运来的。

绍兴酒

绍兴酒，如清官廉吏，不参一毫假，而其味方真。又如名士耆英，长留人间，阅尽世故，而其质愈厚。故绍兴酒，不过五年者不可饮，参水者亦不能过五年。余常称绍兴为名士，烧酒为光棍。

【简评】

绍兴酒名满天下，可是真绍酒却难得。

品评绍兴酒，就是酒中名士，越陈越香，醇厚绵长。

---

① 杨潮观，字宏度，号笠湖，江苏无锡人。官泸州知府。有《吟风阁杂剧》。

② 木簰，木筏子。

湖州南浔酒

湖州南浔酒，味似绍兴，而清辣过之。亦以过三年者为佳。

常州兰陵酒

唐诗有"兰陵美酒郁金香，玉碗盛来琥珀光"[①] 之句。余过常州，相国刘文定公[②]饮以八年陈酒，果有琥珀之光。然味太浓厚，不复有清远之意矣。宜兴有蜀山酒，亦复相似。至于无锡酒，用天下第二泉所作，本是佳品，而被市井人苟且为之，遂至浇淳散朴，殊可惜也。据云有佳者，恰未曾饮过。

【简评】

兰陵酒美在色泽，失之清远，终非上品。

---

① 出自李白《客中作》。

② 刘纶，江苏武进人。官至文渊阁大学士，兼工部尚书。谥文定。明清时内阁大学士雅称相国，故称相国刘文定公。

无锡虽有好水，酿酒工艺不行，酒也寂寂无闻。

溧阳乌饭①酒

余素不饮。丙戌年，在溧水叶比部②家，饮乌饭酒至十六杯，傍人大骇，来相劝止。而余犹颓然，未忍释手。其色黑，其味甘鲜，口不能言其妙。据云溧水风俗：生一女，必造酒一坛，以青精饭为之。俟嫁此女，才饮此酒。以故极早亦须十五六年。打瓮时只剩半坛，质能胶口，香闻室外。

【简评】

一个不好酒的人，忍不住连喝十六杯，乌饭酒引人入胜。喝了十六杯，仍不能道出其妙，这是乌饭酒的魅力。

乌饭酒，也是一种女儿酒。藏了十五六年后，醇厚

---

① 乌饭，又名青精饭。以南烛草叶汁浸米煮成之饭，其色青碧。

② 叶比部，指叶继雯，湖北汉阳人。乾隆五十五年（1790）进士。官刑部郎中。有《筱林馆诗集》。明清时刑部司官通称比部，故称叶比部。叶家在溧水柘塘开有叶开泰药店。

香浓，滋味和故事一样动人。

苏州陈三白

乾隆三十年，余饮于苏州周慕庵家。酒味鲜美，上口粘唇，在杯满而不溢。饮至十四杯，而不知是何酒，问之，主人曰："陈十余年之三白酒也。"因余爱之，次日再送一坛来，则全然不是矣。甚矣！世间尤物之难多得也。按郑康成①《周官》注盎齐②云："盎者翁翁然③，如今酂白。"疑即此酒。

【简评】

苏州袁枚常去，苏州菜袁枚常吃。可是这陈三白酒，袁枚喝到十四杯还不知是什么酒，奇也！这酒不但鲜美，而且绵密粘稠，杯满不溢，勾得酒鬼们馋虫都跑出来了。可是，袁枚又说第二日再饮一坛就不是那味了。真一波

---

① 郑玄，字康成，东汉经学家，遍注群经，为汉代经学之集大成者，号称"郑学"。

② 盎齐，一种白色的酒。

③ 翁翁然，形容葱白色。

三折，越衬托这酒之奇也！

陈三白酒，与今天的烧酒是两回事。因袁枚说它可能是《周礼》里写的酒，可一直到元代才发明烧酒蒸馏法。（见《本草纲目新校注本》谷部"烧酒"）而且，这酒十年陈以上，所以应是一种白色的黄酒。

金华酒

金华酒，有绍兴之清，无其涩；有女贞之甜，无其俗。亦以陈者为佳。盖金华一路水清之故也。

山西汾酒

既吃烧酒，以狠为佳。汾酒乃烧酒之至狠者。余谓烧酒者，人中之光棍，县中之酷吏也。打擂台，非光棍不可；除盗贼，非酷吏不可；驱风寒、消积滞，非烧酒不可。汾酒之下，山东膏粱烧次之，能藏至十年，则酒色变绿，上口转甜，亦犹光棍做久，便无火气，殊可交也。

尝见童二树①家泡烧酒十斤，用枸杞四两、苍术②二两、巴戟天③一两，布扎一月，开瓮甚香。如吃猪头、羊尾、"跳神肉"之类，非烧酒不可。亦各有所宜也。

此外如苏州之女贞、福贞、元燥，宣州之豆酒，通州之枣儿红，俱不入流品；至不堪者，扬州之木瓜也，上口便俗。

【简评】

喝烧酒，就是喝的那股狠劲儿，山西汾酒就是其中之冠。

烧酒，就像人中光棍、酷吏，难以接近，但是它能驱风寒，消积滞。泡药酒，很是滋补。大碗吃肉，也是烧酒最配。山东的十年陈高粱酒，上口转甜，全无火气，倒能喝得来。

而莺歌宛转的江南之地，与烧酒气质不配，难出佳酿。

---

① 童钰，字二树，绍兴人。以卖画为生，有《二树山人集》。
② 苍术，根如老姜，苍黑色，肉白有油膏。主治风寒湿痹。
③ 巴戟天以产四川山谷中为佳，可补肾、强筋骨。

已列入国家保护动物、三有保护动物单

鱼翅二法

　　鱼翅难烂，须煮两日，才能摧刚为柔。用有二法：一用好火腿、好鸡汤，如鲜笋、冰糖钱许煨烂，此一法也；一纯用鸡汤串细萝卜丝，拆碎鳞翅搀和其中，飘浮碗面，令食者不能辨其为萝卜丝、为鱼翅，此又一法也。用火腿者，汤宜少；用萝卜丝者，汤宜多。总以融洽柔腻为佳。若海参触鼻，鱼翅跳盘，便成笑话。吴道士家做鱼翅，不用下鳞，单用上半原根，亦有风味。萝卜丝须出水二次，其臭才去。尝在郭耕礼家吃鱼翅炒菜，妙绝！惜未传其方法。

鲟　鱼

尹文端公，自夸治鲟鳇最佳，然煨之太熟，颇嫌重浊。惟在苏州唐氏，吃炒蝗鱼片甚佳。其法切片油炮，加酒、秋油滚三十次，下水再滚起锅，加作料，重用瓜、姜、葱花。又一法：将鱼白水煮十滚，去大骨，肉切小方块，取明骨切小方块；鸡汤去沫，先煨明骨八分熟，下酒、秋油，再下鱼肉，煨二分烂起锅，加葱、椒、韭，重用姜汁一大杯。

鹿　肉

鹿肉不可轻得。得而制之，其嫩鲜在獐肉之上。烧食可，煨食亦可。

鹿筋二法

鹿筋难烂。须三日前先捶煮之，绞出臊水数遍，加肉汁汤煨之，再用鸡汁汤煨；加秋油、酒，微纤收汤；不搀他物，便成白色，用盘盛之。如兼用火腿、冬笋、香蕈同煨，便成红色，不收汤，以碗盛之。白色者加花椒细末。

獐　肉

制獐肉与制牛鹿同。可以作脯。不如鹿肉之活，而细腻过之。

果子狸

果子狸，鲜者难得。其腌干者，用蜜酒酿，蒸熟，快刀切片上桌。先用米泔水泡一日，去尽盐秽。较火腿觉嫩而肥。

鹿　尾

尹文端公品味，以鹿尾为第一。然南方人不能常得。从北京来者，又苦不鲜新。余尝得极大者，用菜叶包而蒸之，味果不同。其最佳处在尾上一道浆耳。

野鸡五法

野鸡披胸肉，清酱郁过，以网油包放铁奁上烧之。作方片可，作卷子亦可。此一法也。切片加作料炒，一法也。取胸肉作丁，一法也。当家鸡整煨，一法也。先用油灼，拆丝加酒、秋油、醋，同芹菜冷拌，一法也。生片其肉，入火锅中，登时便吃，亦一法也。其弊在肉嫩则味不入，味入则肉又老。

野　鸭

野鸭切厚片，秋油郁过，用两片雪梨夹住炮炒之。苏州包道台家制法最精，今失传矣。用蒸家鸭法蒸之亦可。

野鸭团

细斩野鸭胸前肉，加猪油微纤，调揉成团，入鸡汤滚之。或用本鸭汤亦佳。太兴孔亲家制之甚精。

煨麻雀

取麻雀五十只，以清酱、甜酒煨之，熟后去爪脚，单取雀胸、头肉，连汤放盘中，甘鲜异常。其他鸟鹊俱可类推。但鲜者一时难得。薛生白①常劝人勿食人间豢养之物，以野禽味鲜，且易消化。

煨鹌鹑、黄雀

鹌鹑用六合来者最佳。有现成制好者。黄雀用苏州糟，加蜜酒煨烂，下作料，与煨麻雀同。苏州沈观察煨黄雀并骨如泥，不知作何制法。炒鱼片亦精。其厨馔之

---

① 薛生白，名雪，字生白，江苏苏州人。乾隆时名医，有《医经原旨》等。近人陆士谔编有《薛生白医案》。

精，合吴门推为第一。

水　鸡^①

水鸡去身用腿，先用油灼之，加秋油、甜酒、瓜、姜起锅。或拆肉炒之，味与鸡相似。

---

① 水鸡，即青蛙。

手抄本《袁枚日记》记载食方

油炸汤团[1]

以极好糯米，水浸二月，日日换水，磨极细，晒干，用时以温水调粉。但须冬月浸米，春夏秋三季皆做不得。核桃大汤圆，油炸之可以大三倍。

---

[1] 见手抄本《袁枚日记》十（《古典文学知识》2010年第4期）。

《随园轶事》记载食方

《食单》拾遗

　　花之可以制肴点者，有藤花饼、玉兰饼、炙莲瓣诸品；菊花开时，选取其嫩瓣，净而晾干，用火酒锅烙而食之，或油炙亦佳。随时入馔，迥非市俗。至若溜枇杷、栗子糕、竹叶棕之类，亦别有风味。嫩荷叶包猪肉蒸之绝美。野蔬之可充膳者，随处可采。园中新笋，制法尤多。此皆先生独自心得，而《食单》中所未曾备载者也。